乐高
仿生机器人设计

程罡◎编著

U0215238

清華大学出版社
北 京

内 容 简 介

本书详细讲解了五大类、六十余个仿生机器人作品案例。案例包括两足、四足、六足、多足和综合等多种类别，这些作品构造巧妙、栩栩如生。本书全部采用图片来展示案例的结构和构建方法，方便各年龄段的读者阅读。本书配有丰富的视频资源，读者可以随时通过手机扫二维码在线观看，使用本书不再有任何障碍和困难。

本书适合各年龄段的乐高机器人、结构设计爱好者，尤其是喜欢机器人的孩子阅读。跟随本书案例进行设计、搭建，可以让读者在充满趣味的过程中掌握很多的仿生机器人知识。

图书在版编目 (CIP) 数据

乐高仿生机器人设计 / 程罡编著 . —北京：清华大学出版社，2021.1（2025.5 重印）
ISBN 978-7-302-57200-8

Ⅰ.①乐⋯ Ⅱ.①程⋯ Ⅲ.①仿生机器人—设计 Ⅳ.① TP242

中国版本图书馆 CIP 数据核字（2020）第 260239 号

责任编辑：魏　莹
装帧设计：李　坤
责任校对：李玉茹
责任印制：刘海龙

出版发行：清华大学出版社
　　　　网　　　址：https://www.tup.com.cn, https://www.wqxuetang.com
　　　　地　　　址：北京清华大学学研大厦 A 座　　　　邮　　编：100084
　　　　社 总 机：010-83470000　　　　　　　　　　邮　　购：010-62786544
　　　　投稿与读者服务：010-62776969，c-service@tup.tsinghua.edu.cn
　　　　质 量 反 馈：010-62772015，zhiliang@tup.tsinghua.edu.cn
印 装 者：三河市龙大印装有限公司
经　　销：全国新华书店
开　　本：185mm×230mm　　印　　张：13.75　　字　　数：330 千字
版　　次：2021 年 1 月第 1 版　　印　　次：2025 年 5 月第 4 次印刷
定　　价：79.00 元

产品编号：085997-01

前言

本书是"乐高创意设计"系列第三本书，前两本书是《乐高简单机械创意设计》和《乐高炫酷机器创意设计》。相对于前两本书取材的广泛性，本书专注于一个非常引人入胜的题材——仿生类机器人。

仿生类机器人，是用机械机构和程序模拟各种动物动态效果的机器人，历来都是机器人爱好者非常喜爱的一个题材，尤其深受孩子们的喜爱。读者朋友跟着本书的案例进行设计、搭建，在充满趣味的过程中就能轻松掌握很多仿生机器人知识。

本书在案例类型的选择上，尽量做到全面、丰富，内容涉及多足类机器人、鸟类、鱼类、爬行类，共收录各类仿生机器人作品六十余个。以多足类机器人为例，就收录了从二足到十六足等多种类型的作品，并且按章节进行了细分。

本书的器材选择范围也大大超越前两本书，前两本书涉及的器材基本都是乐高 PF 系列的电器件，本书涉及的器材不仅包括 PF，还使用了 WeDo、Boost、EV3 等。这样不仅使题材更加多样、丰富，也给读者带来更多的选择。不论读者手头有哪种器材，都可以在本书中找到相应的案例。

本书的另一个重要特色是采用"无字书"形式，全部案例都采用图片进行展示。图形是全人类共同的语言，跨越文字、跨越种族、跨越年龄。这样的安排，可以让更多的乐高爱好者方便地使用本书，尤其是学龄前的孩子更是如此。

由于版面所限，书中的图片并非详尽地逐步搭建图，而是主要模块的拼装步骤，具有一定搭建基础的读者基本上可以跟着图片把作品做出来。如果做不出来也没有问题，我们在每个案例中都放置了详细搭建视频指导的二维码，读者只要使用手机扫码即可获得详细的搭建步骤。

为了更好地为广大读者服务，我们为大家提供两个技术支持网络平台。一个是微信公众号"小小工程师"，另一个是 QQ 群"乐高创意设计书系读者服务"。读者有任何问题和建议，都可以到上述两个平台来联系我们。

本书在创作过程中，尽量秉持原创精神，但是也不可避免地参考了国内外高手、大神的创意，条件所限无法一一告知，再次表示衷心感谢！

限于笔者本身的水平，本书不足之处在所难免，欢迎广大读者不吝赐教，多多批评指正，笔者不胜感激。

编　者

目录|CONTENTS

第1章

两足仿生机器人

1

10x

2x

11

2x

1x

2x

20

1x

3x

2

2x

12

4x

2x

4x

4x

1x

3

5

5.5

1x

2x

2x

1x

4x

2x

5

7

9

4x

1x

2x

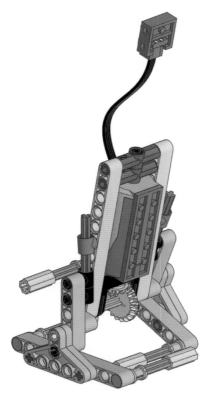

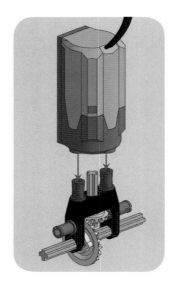

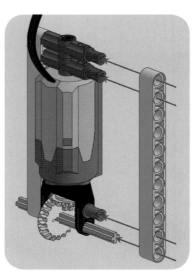

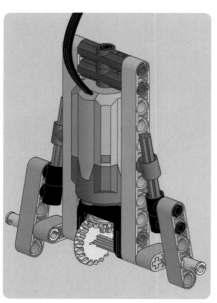

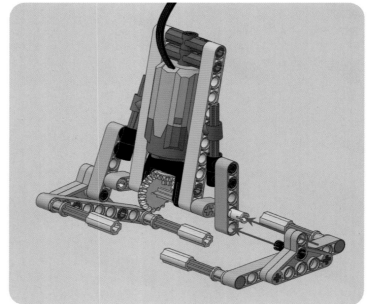

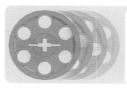

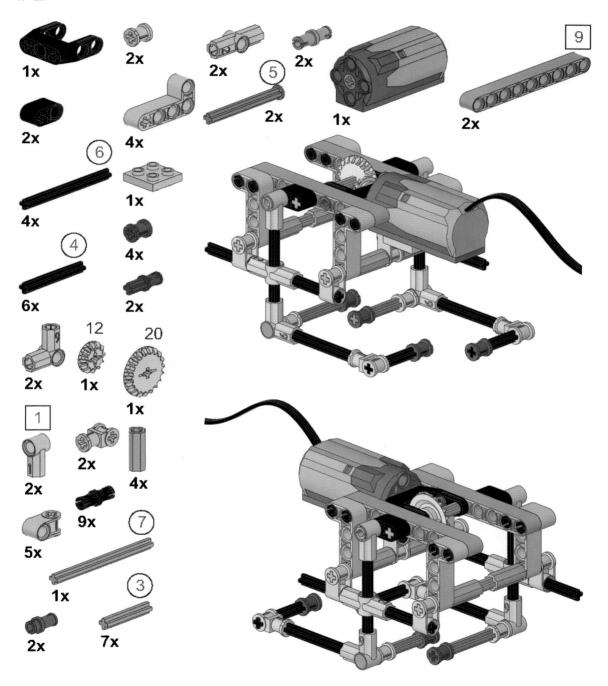

#2

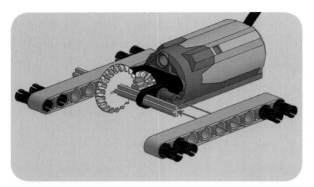
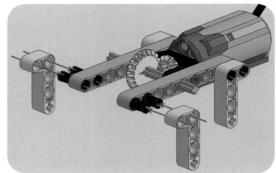
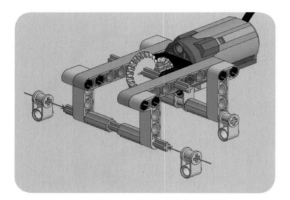
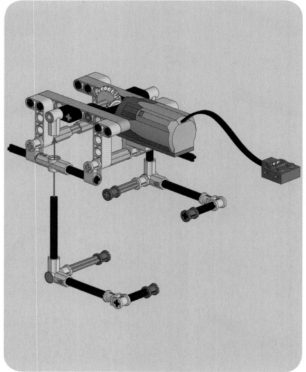
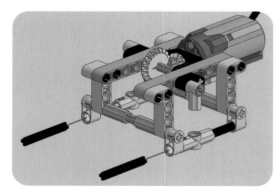

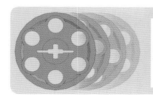

#3

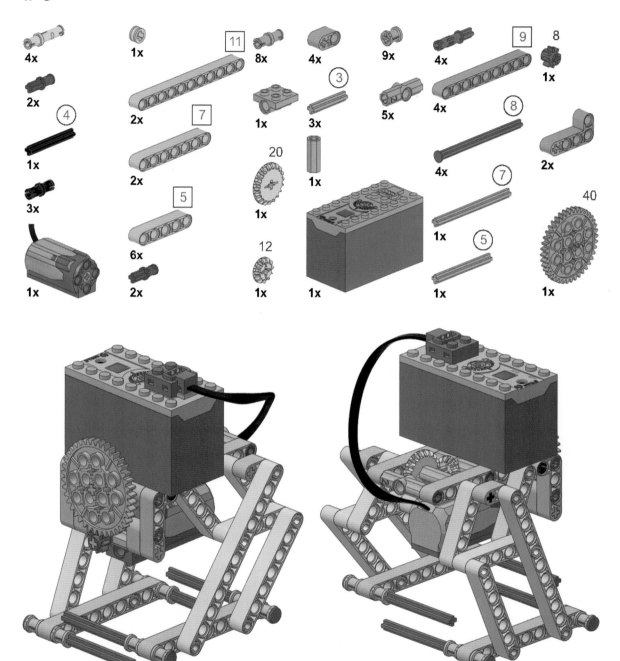

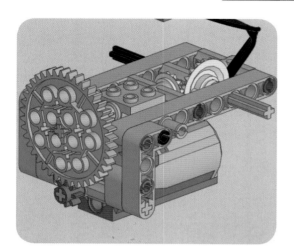

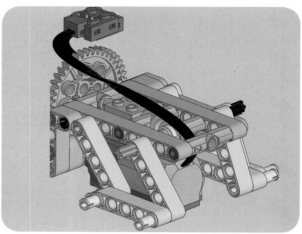

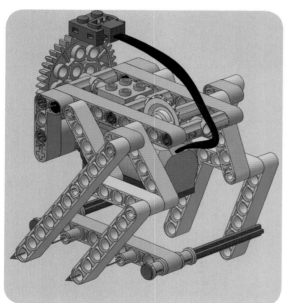

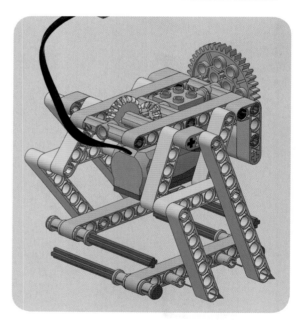

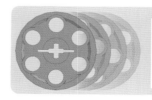

#4

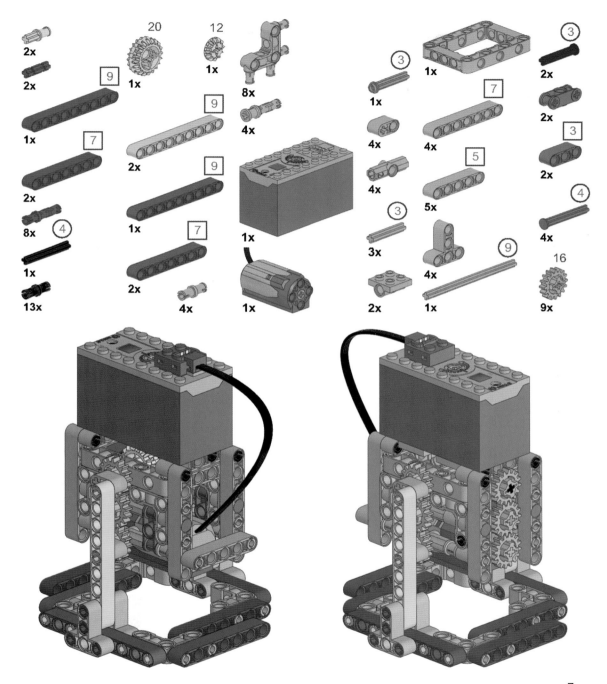

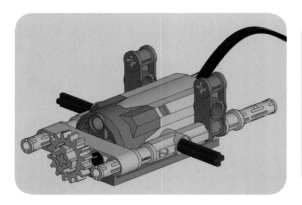
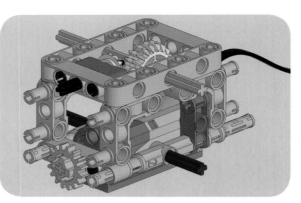
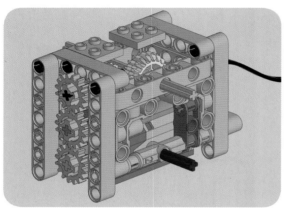
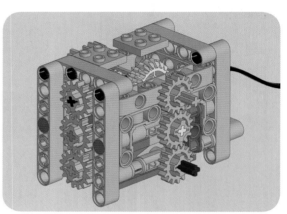
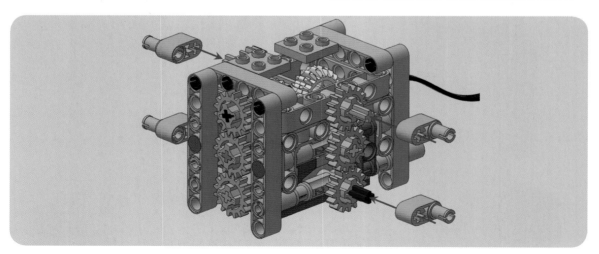

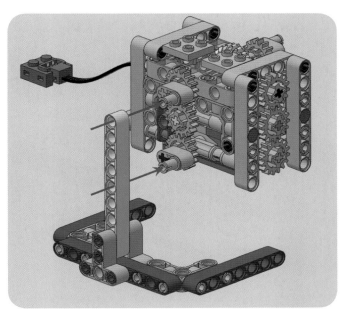

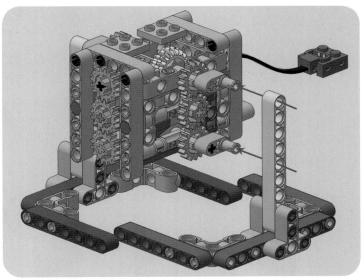

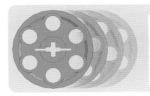

#5

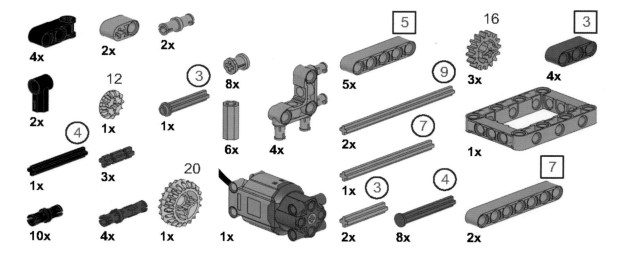

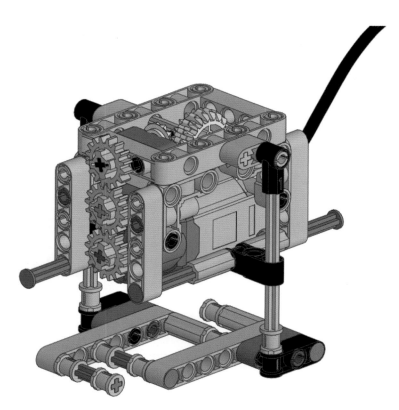

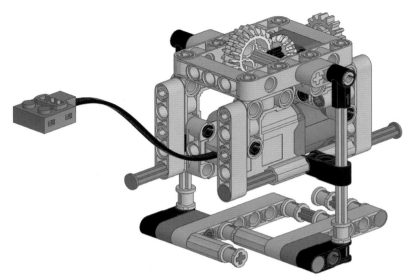

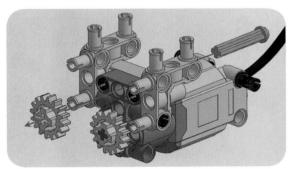

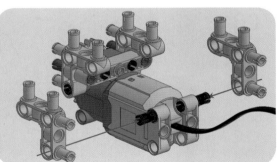

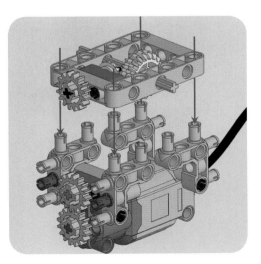

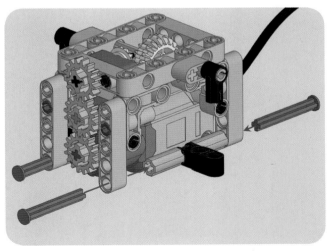

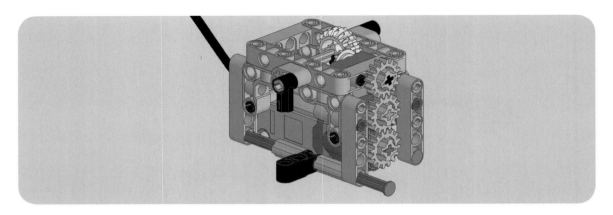

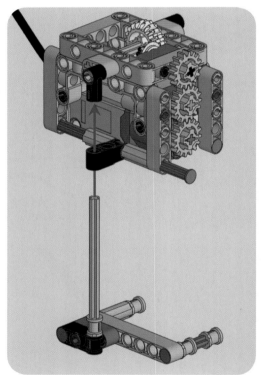

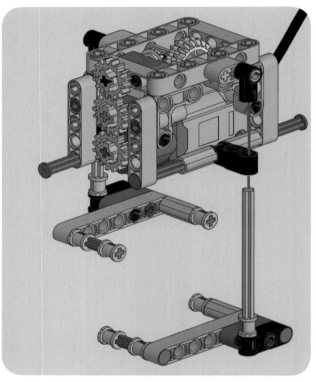

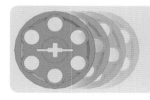

#6

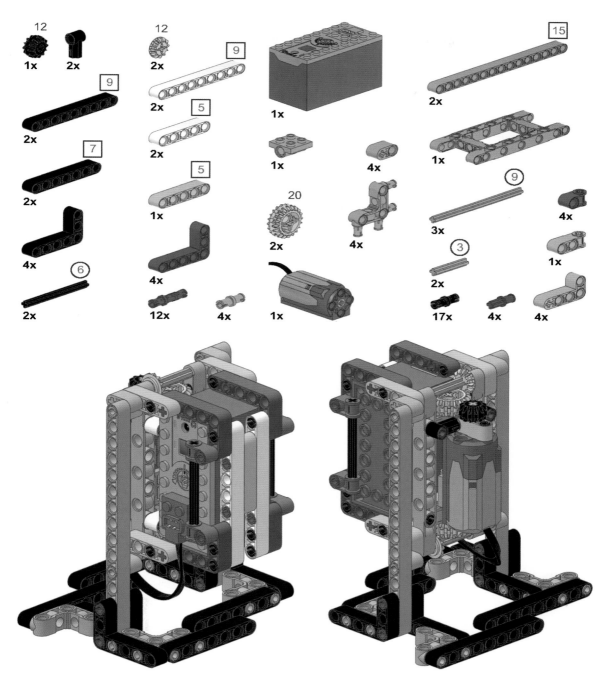

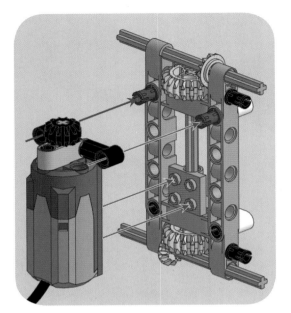

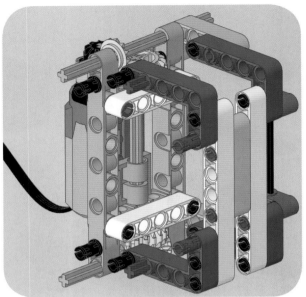

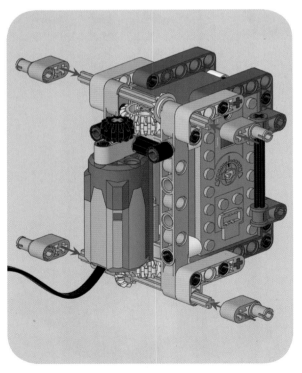

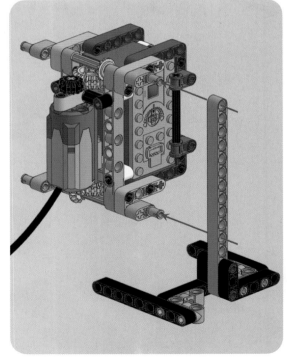

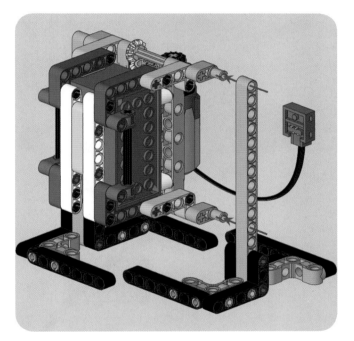

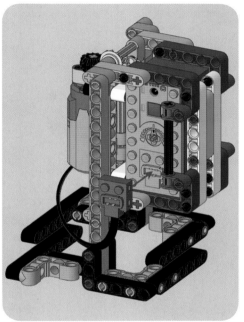

#7

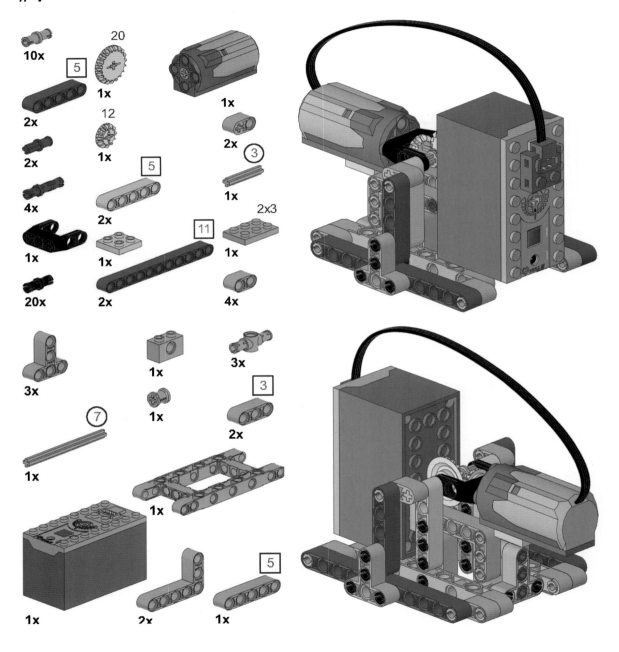

10x

5

2x

20
1x

1x

2x

12
1x

2x

3
1x

4x

5
2x

2x3
1x

1x

11
2x

1x

4x

3x

1x

3x

1x

1x

3
2x

7
1x

1x

1x

5
1x

2x

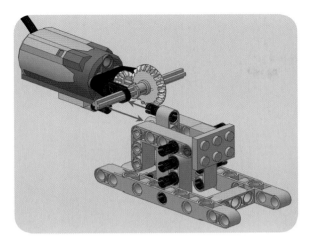

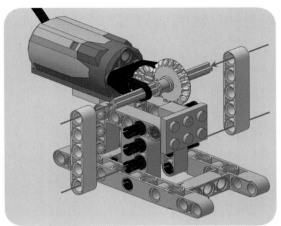

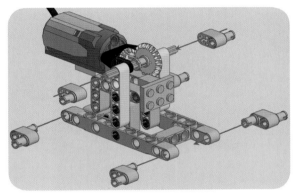

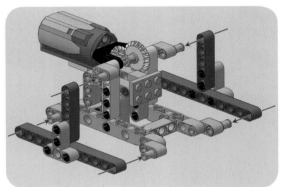

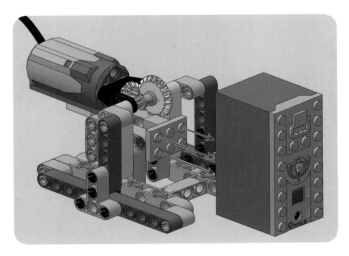

#8

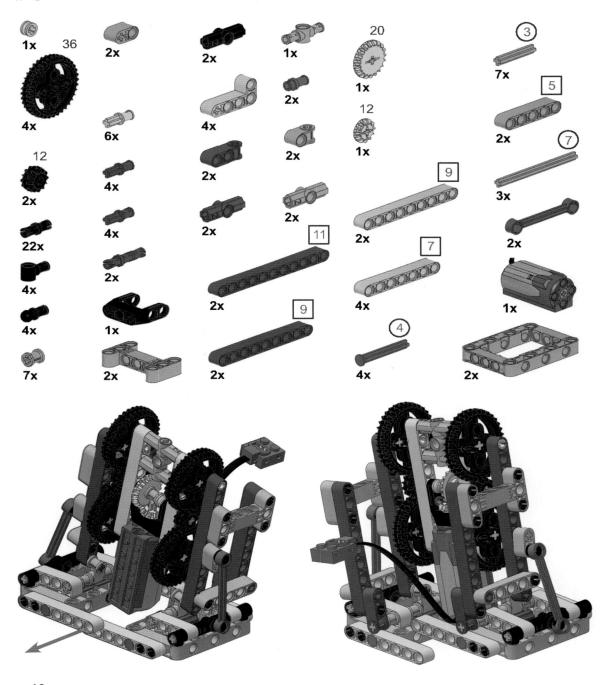

1x   36

2x

2x

1x

20

1x

3

7x

4x

6x

4x

2x

12

1x

5

2x

12

2x

4x

2x

2x

7

22x

4x

2x

9

2x

4x

2x

2x

2x

11

9

2x

4x

7x

1x

2x

2x

4

4x

2x

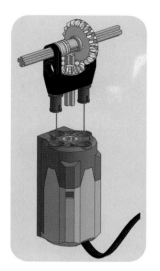

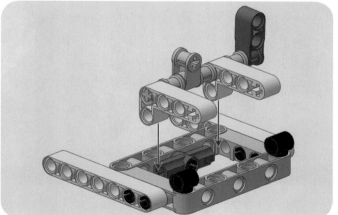

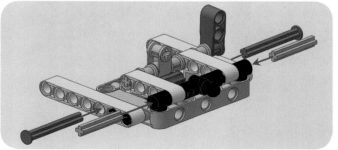

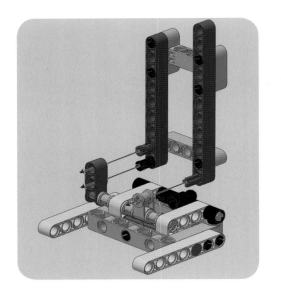

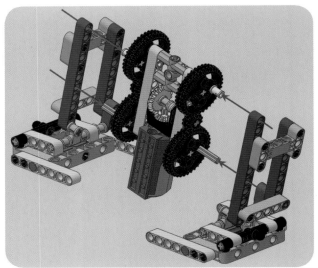

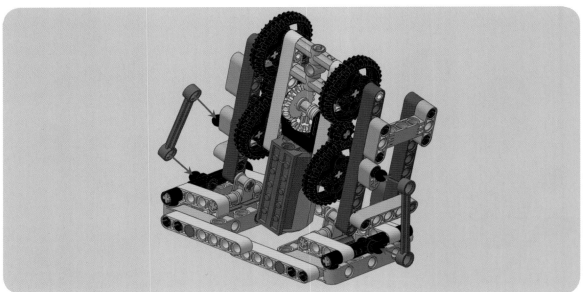

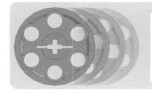

#9

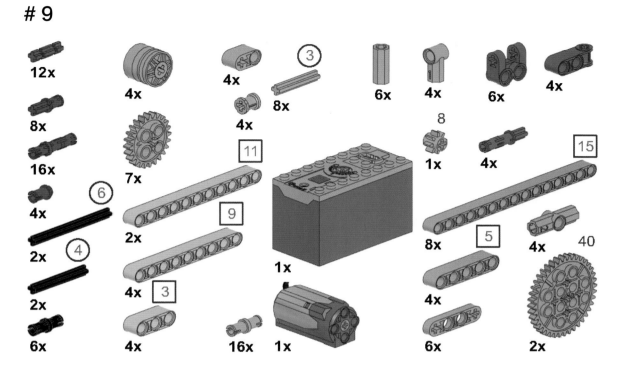

12x
8x
16x
4x
6
2x
4
2x
6x

4x
7x
11
2x
9
4x
3
4x

4x
4x
8x
1x
16x
1x

3
6x

6x
4x
4x
8
1x
4x

15
8x
5
4x
4x
6x
40
2x

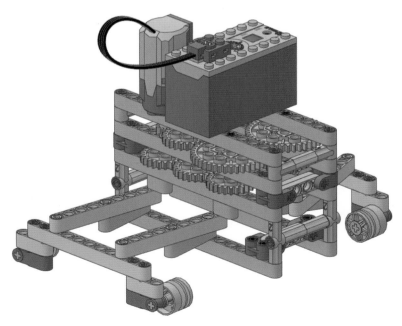

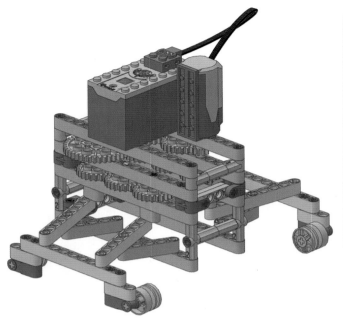

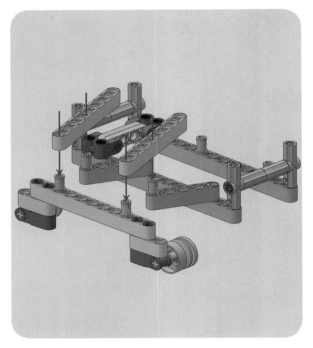

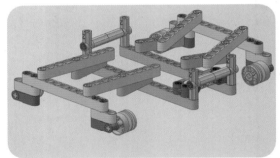

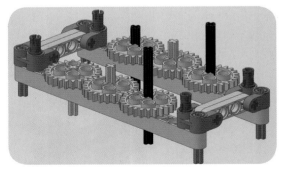

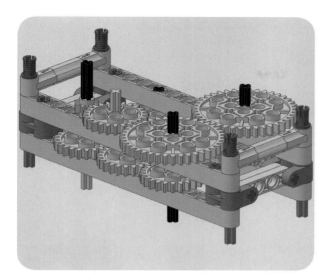

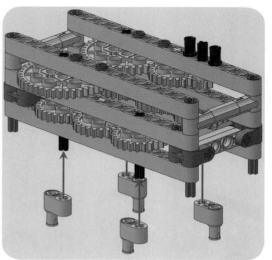

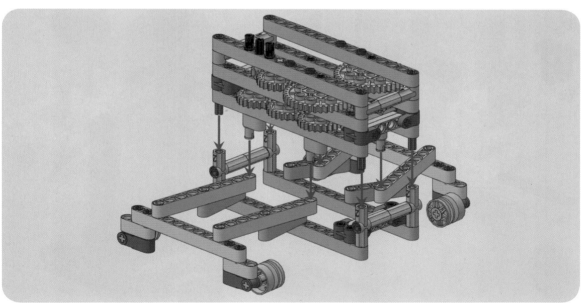

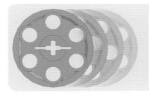

#10

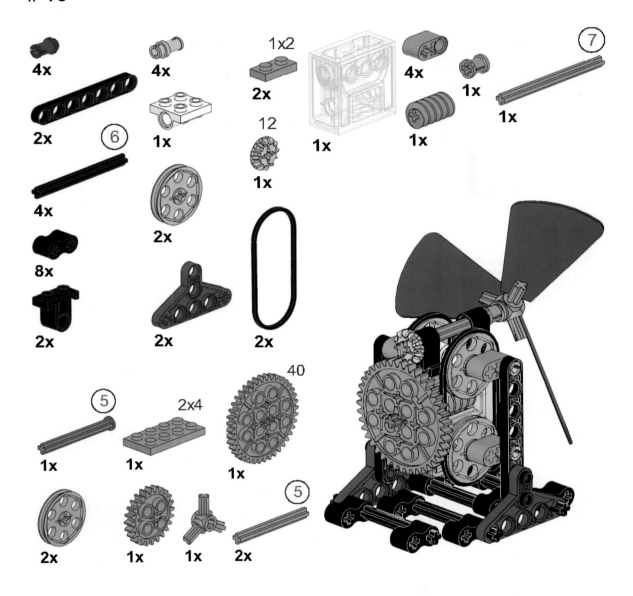

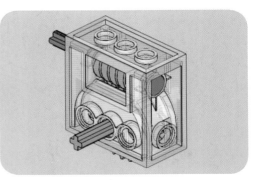

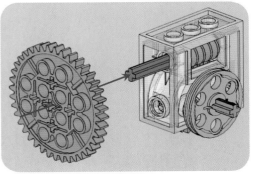

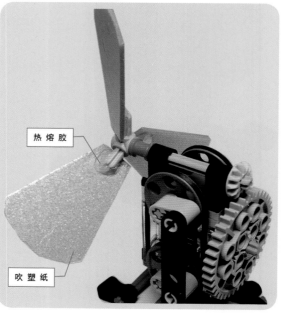

热熔胶

吹塑纸

11

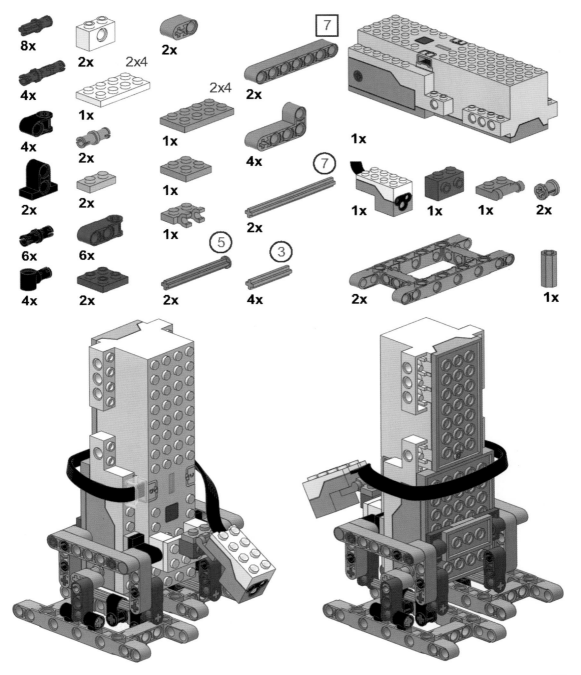

8x

4x

4x

2x

6x

4x

2x

2x4

1x

2x

2x

1x

6x

2x

2x4

1x

1x

1x

1x

⑤

2x

⑦

2x

2x

4x

③

4x

⑦

1x

1x

1x

1x

1x

2x

2x

1x

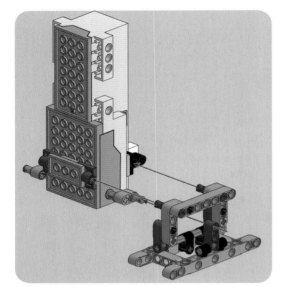

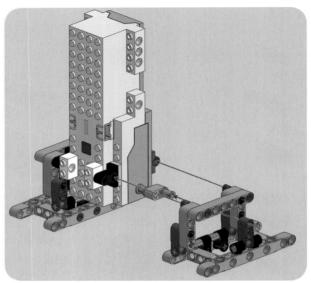

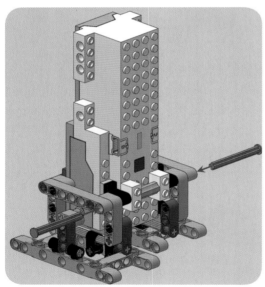

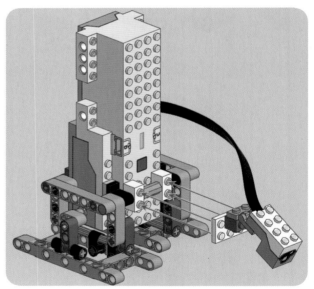

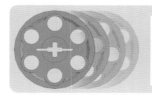

#12

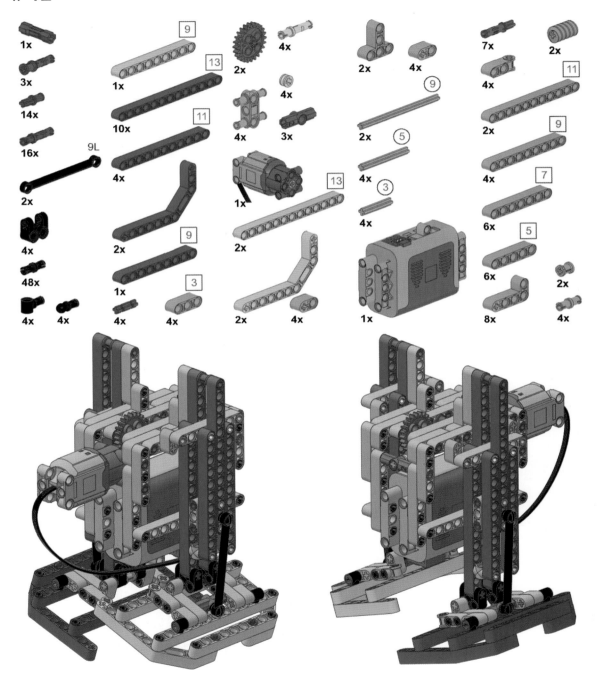

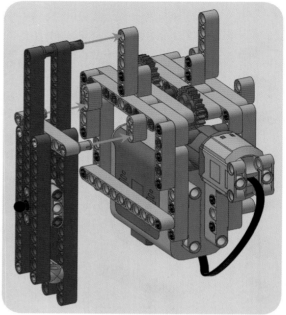

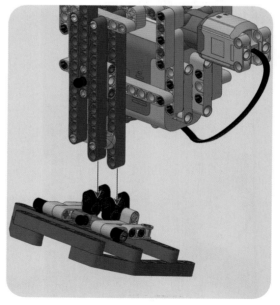

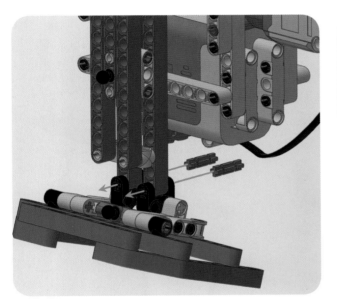

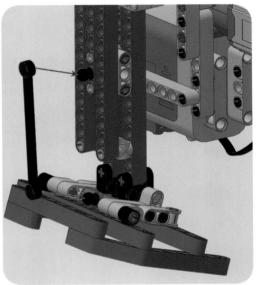

#13

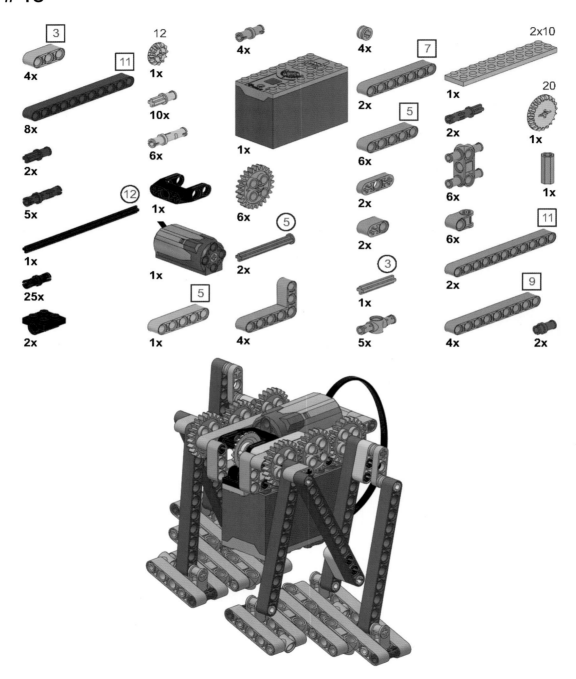

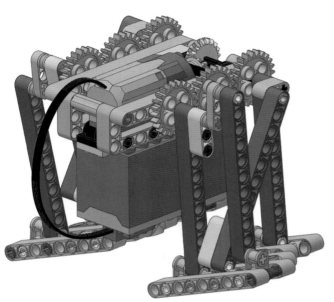

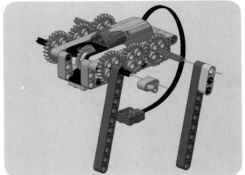

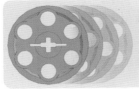

14

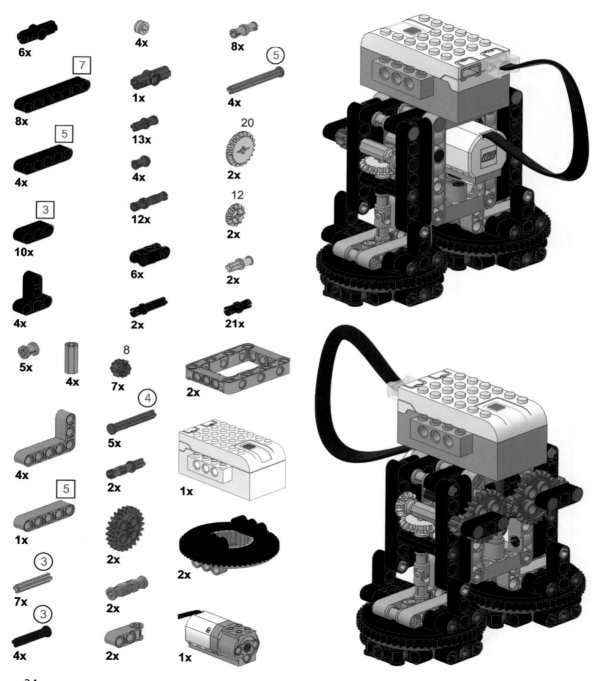

6x

7

8x

5

4x

3

10x

4x

5x

4x

4x

5

1x

3

7x

3

4x

4x

1x

13x

4x

12x

6x

2x

20

2x

12

2x

2x

21x

8

7x

2x

4

5x

2x

1x

2x

2x

2x

2x

2x

1x

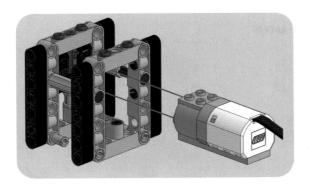

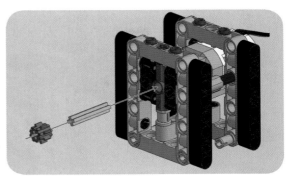

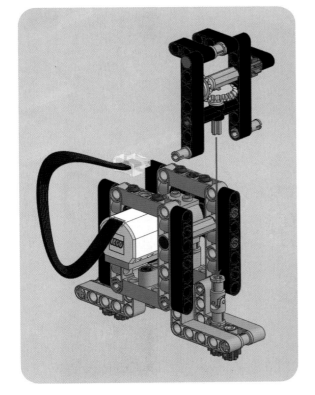

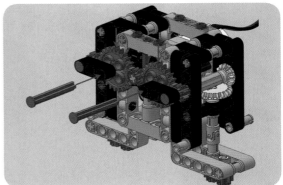

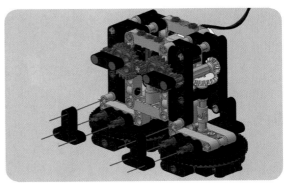

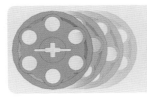

#15

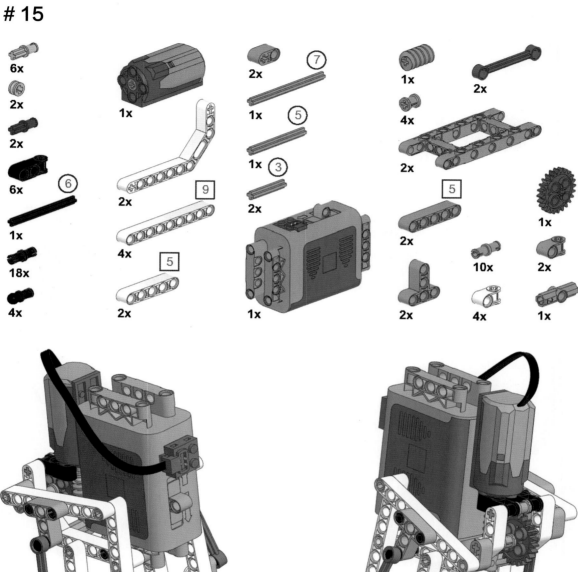

6x
2x
2x
6x ⑥
1x
18x
4x

1x
2x ⑨
4x
⑤
2x

2x
1x ⑦
1x ⑤
1x ③
2x
1x

1x
4x
2x ⑤
2x

1x
2x
10x ⑤
2x
2x
4x
1x

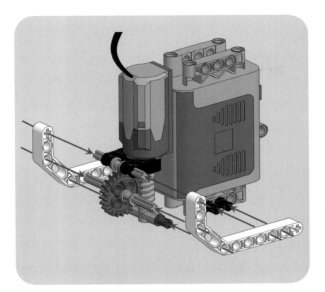

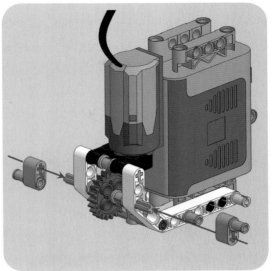

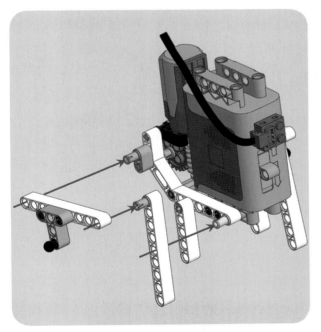

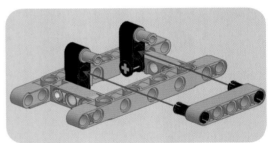

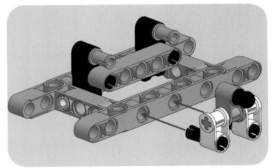

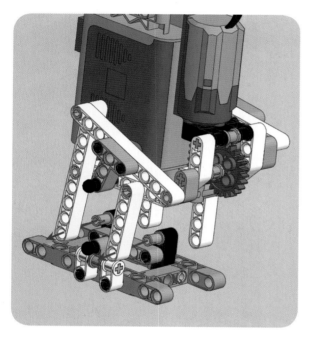

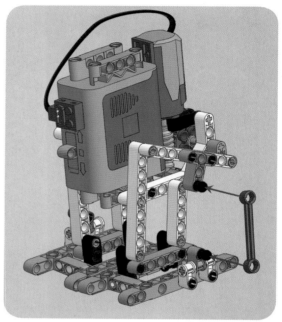

16

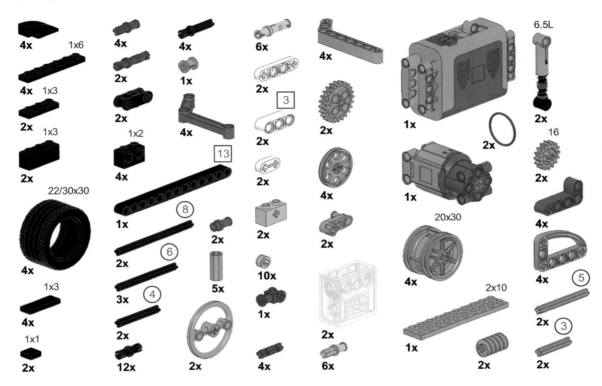

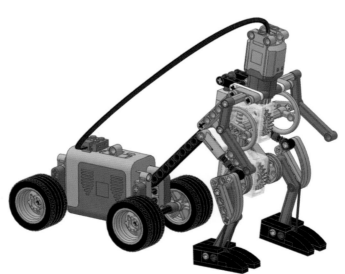

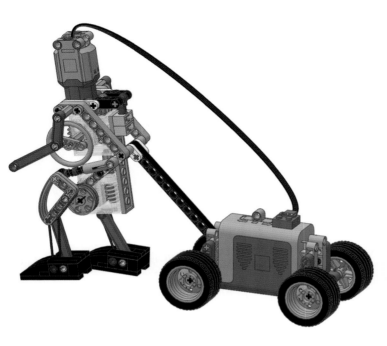

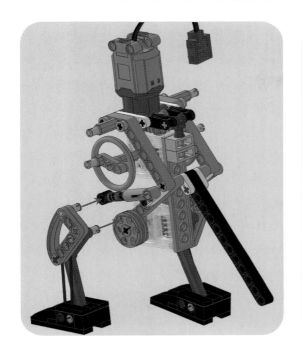

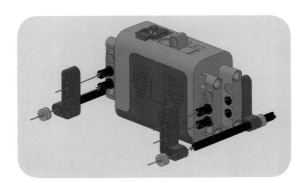

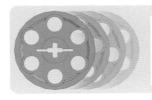

第2章

四足仿生机器人

#1

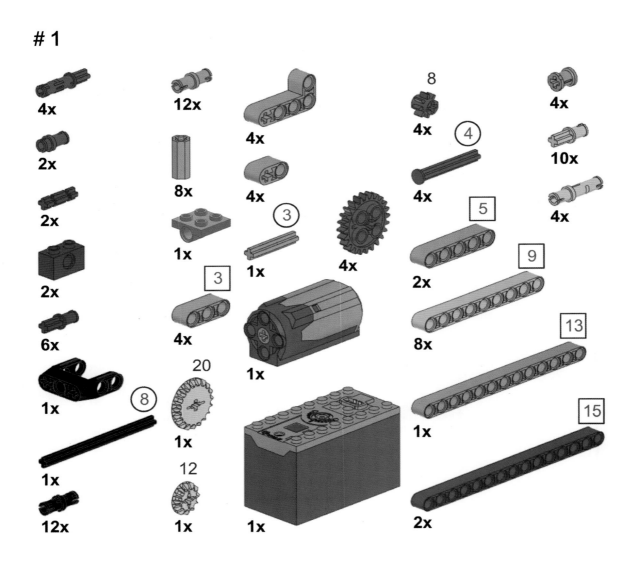

4x
2x
2x
2x
6x
1x
1x
12x

12x
8x
1x
3
4x
20
1x
12
1x

4x
4x
3
1x
4x
1x

8
4x
4
4x
5
2x
9
8x

1x

1x

4x
10x
4x
13
1x
15
2x

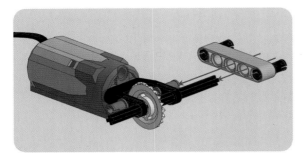

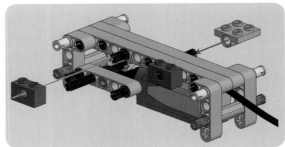

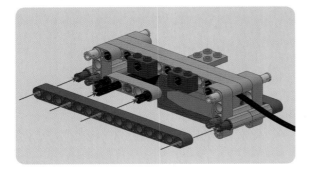

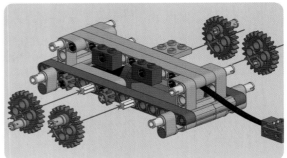

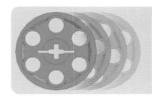

#2

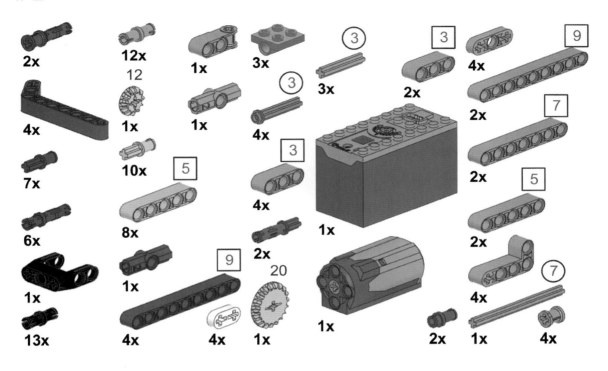

2x　**12x**　12　**1x**　**3x**　③ **3x**　③ **2x**　**4x**　⑨

4x　**1x**　**1x**　③ **4x**　③ **2x**　⑦

7x　**10x**　⑤ **4x**　**2x**　⑤

6x　**8x**　**4x**　**1x**　**2x**

1x　**1x**　⑨ **2x**　20　⑦

13x　**4x**　**4x**　**1x**　**1x**　**2x**　**1x**　**4x**

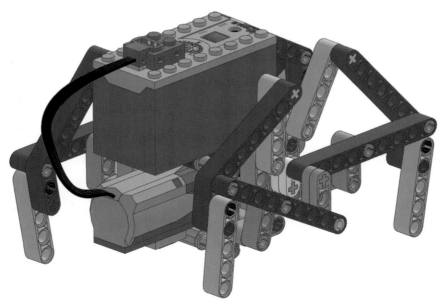

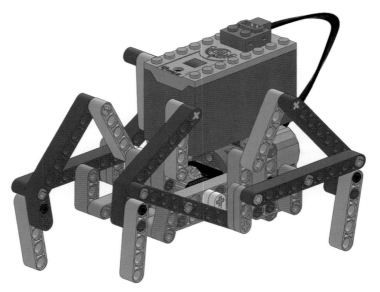

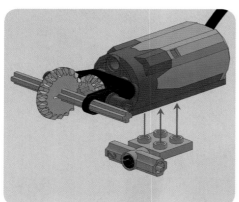

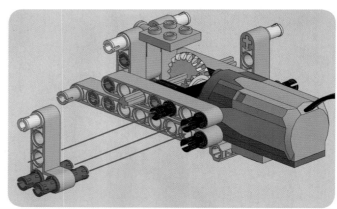

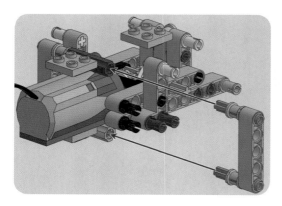

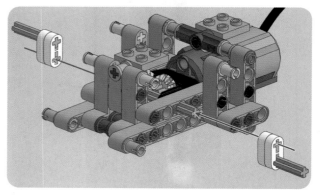

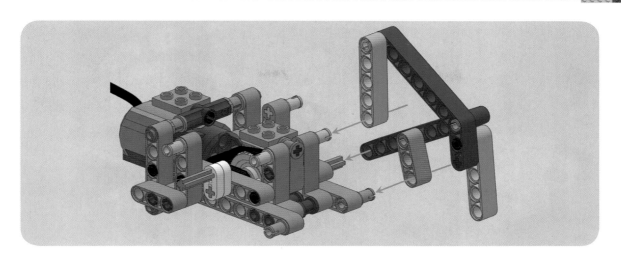

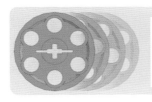 

#3

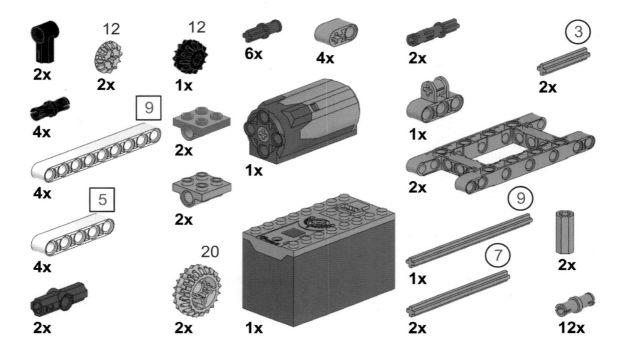

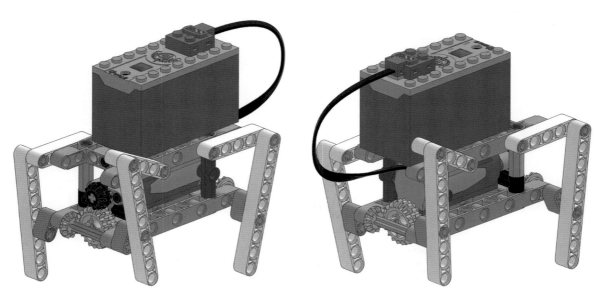

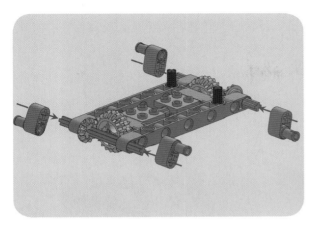

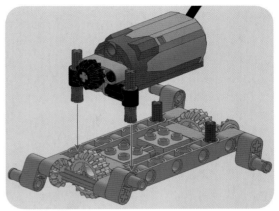

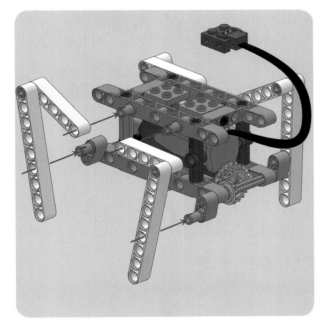

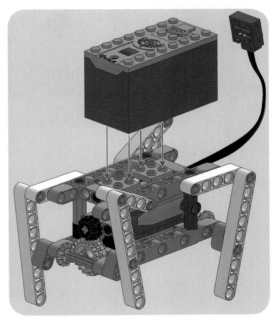

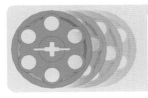

#4

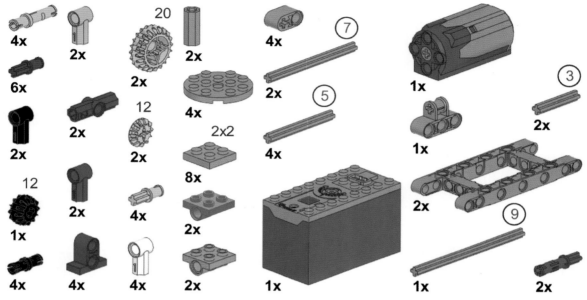

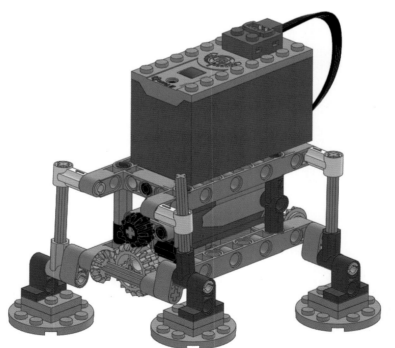

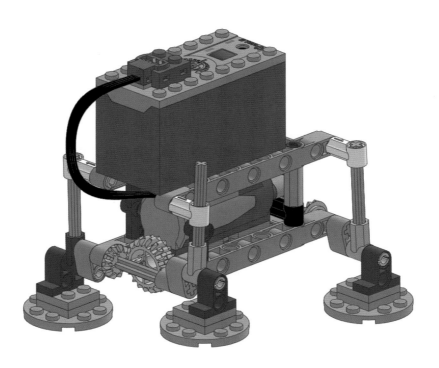

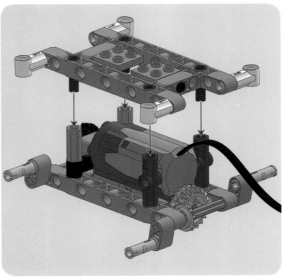

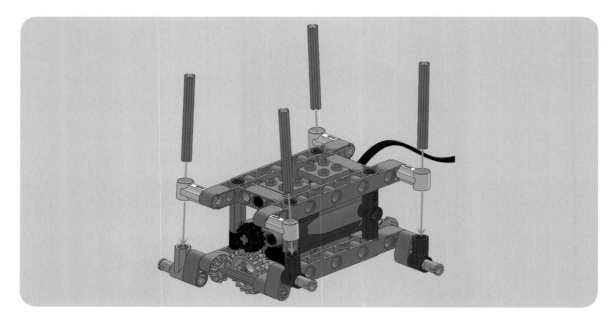

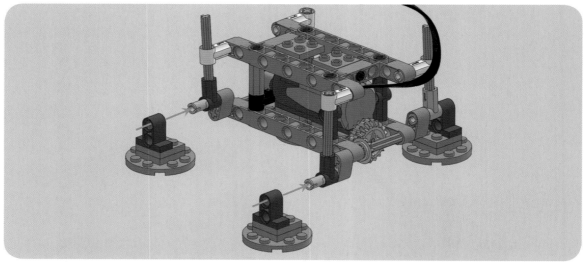

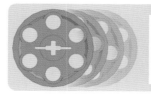

#5

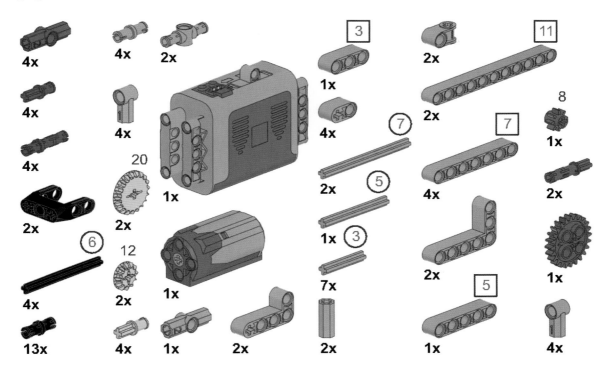

4x
4x
2x

4x
4x

4x
4x

2x
20
2x

6
12
4x
2x

13x
4x
1x
2x

3
1x

4x

7

2x

5

1x
3

7x

2x

2

2x

7

2x

5

2x

5

1x

11

2x

8

1x

2x

1x

4x

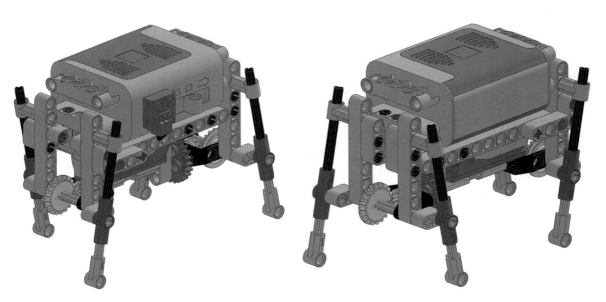

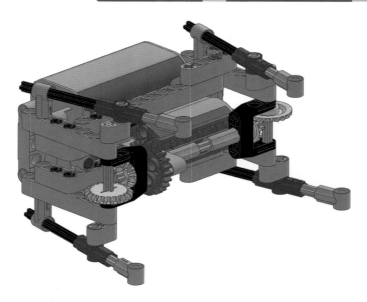

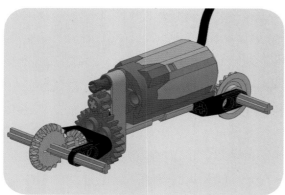

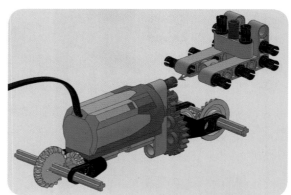

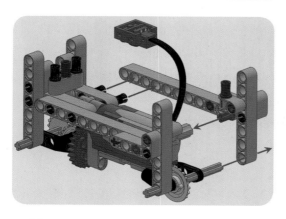

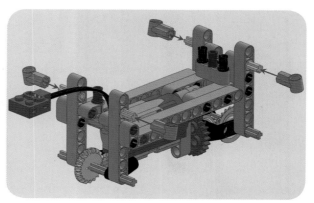

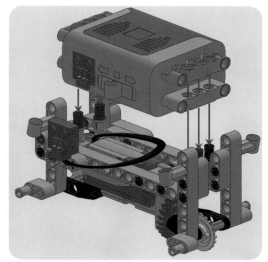

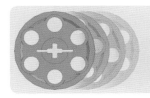

#6

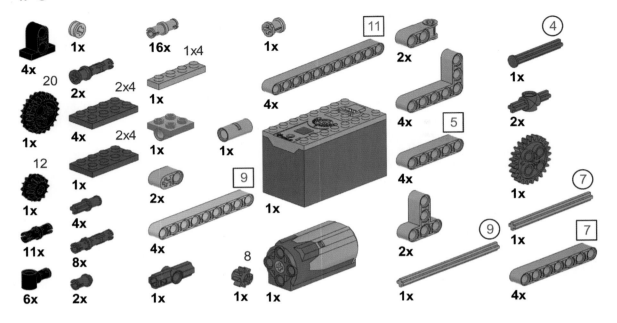

4x 20 12 11x 6x 1x 2x 4x 4x 4x 8x 2x 16x 1x4 1x 1x 2x 1x 1x 1x 1x 1x 1x 2x 1x 4x 1x 11 4x 1x 4x 9 8 5 4x 4x 2x 1x 1x 1x 4 1x 2x 1x 7 1x 9 1x 7 4x

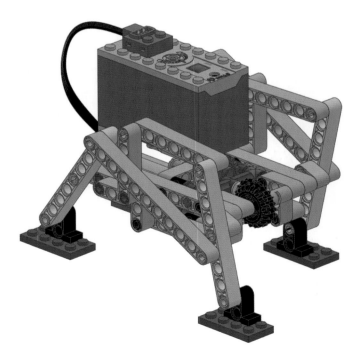

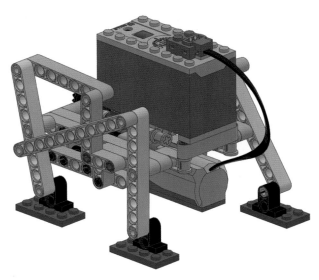

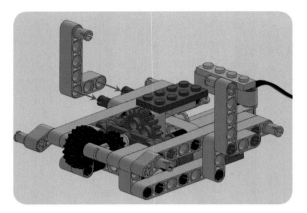
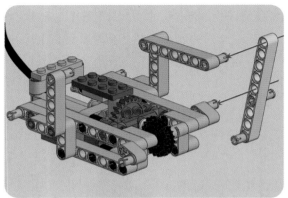

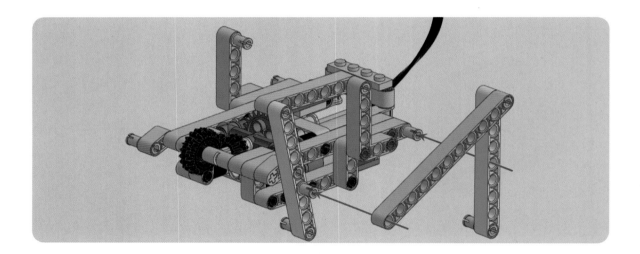

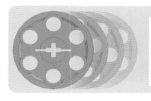

#7

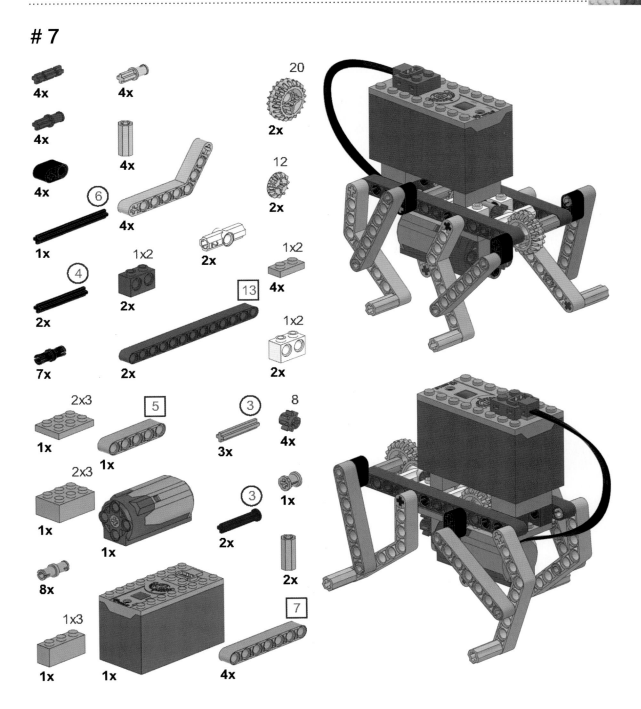

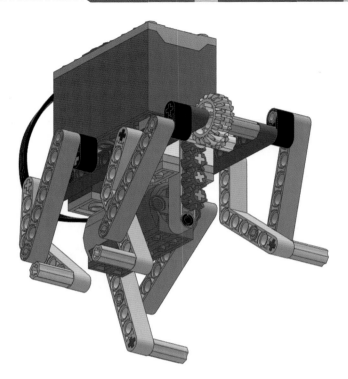

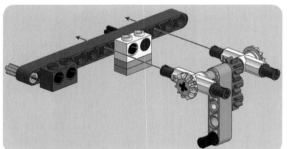

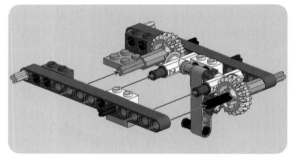

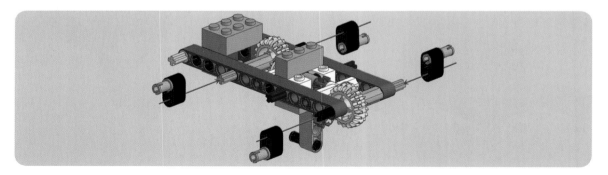

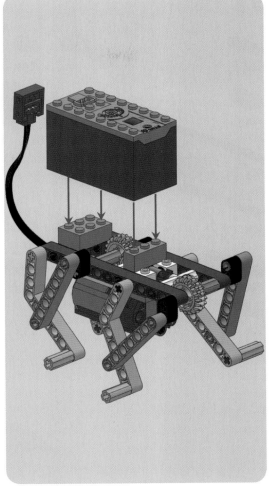

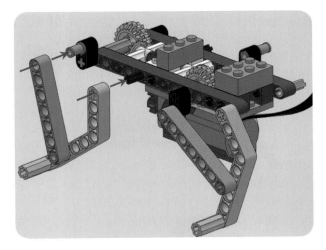

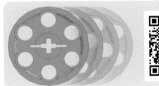

#8

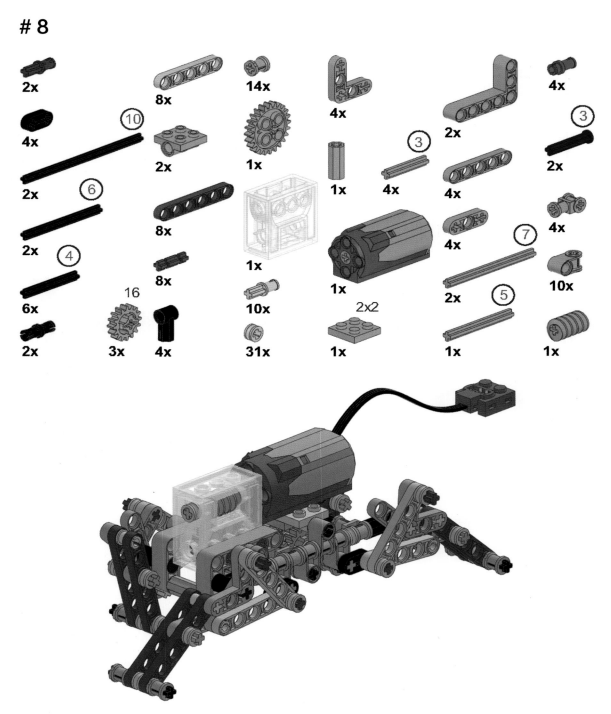

2x
4x
8x
14x
4x
2x
4x

10x
2x
2x
1x
3x
3x
2x

6x
8x
4x
4x
7

2x
16
8x
1x
1x
4x
5
10x

2x
3x
4x
31x
2x2
1x
1x
1x

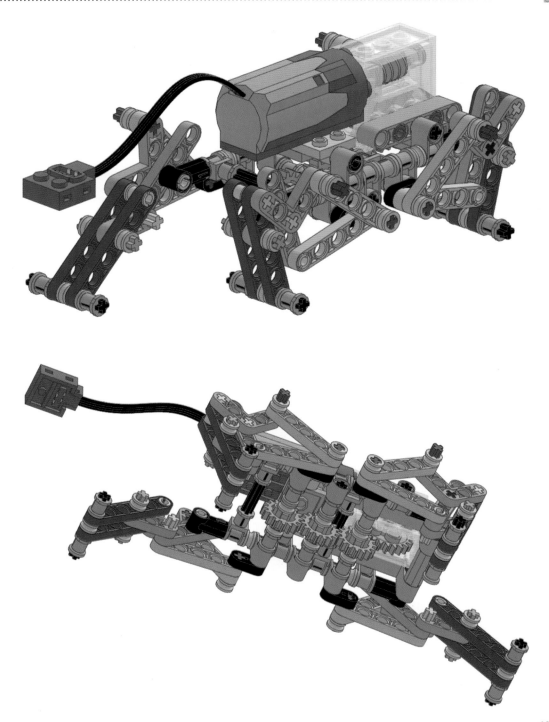

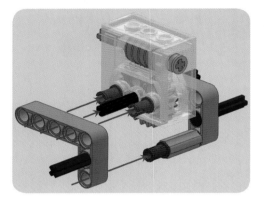

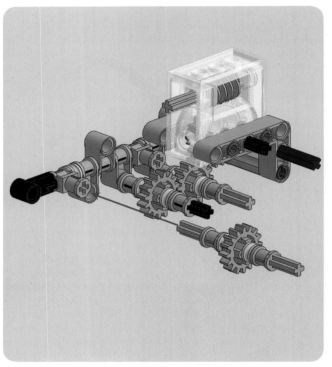

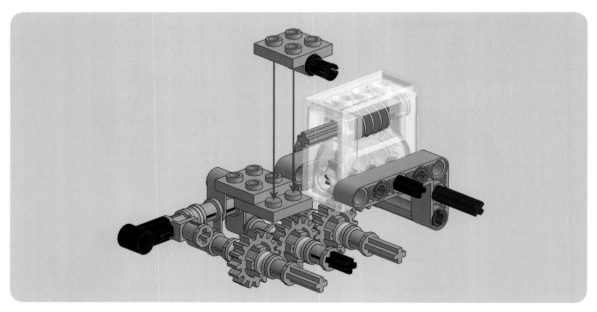

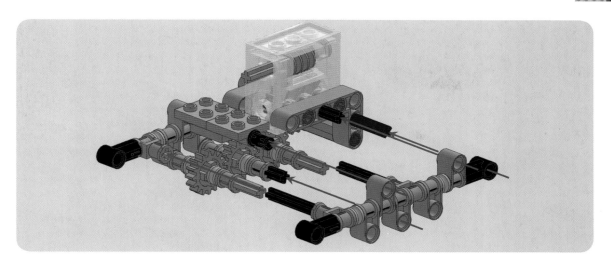

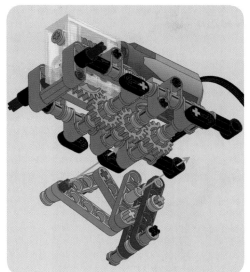

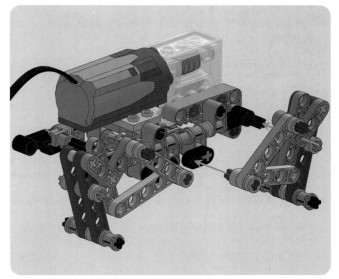

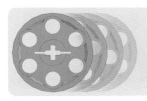

#9

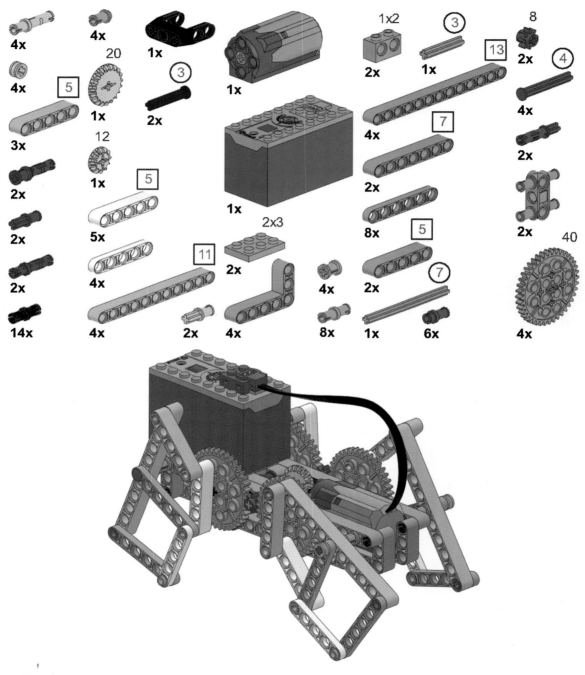

4x

4x

4x

20

1x

3x

12

1x

2x

2x

2x

14x

4x

3

2x

5

5x

4x

11

4x

2x

1x

1x

1x

2x3

2x

4x

1x2

2x

1x

1x

4x

2x

8x

4x

8x

13

7

5

2x

2x

7

1x

3

8

2x

4

4x

2x

2x

40

6x

4x

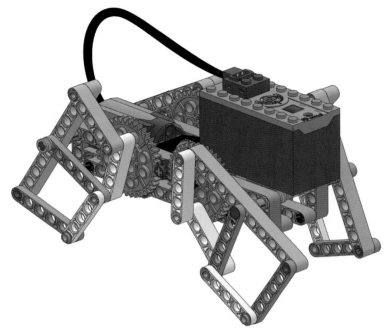

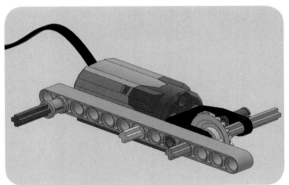

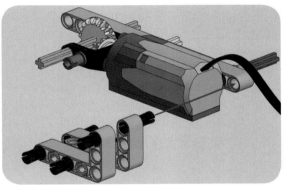

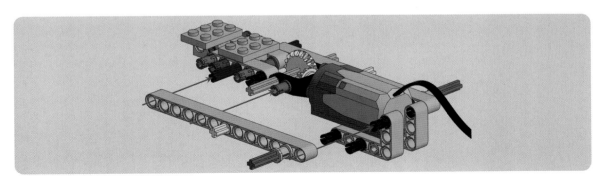

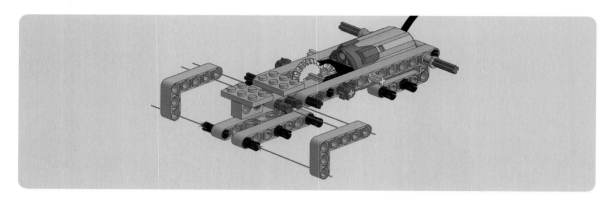

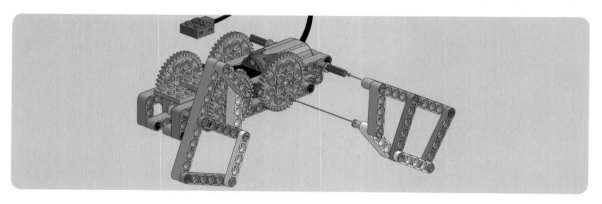

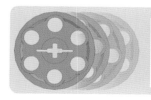

#10

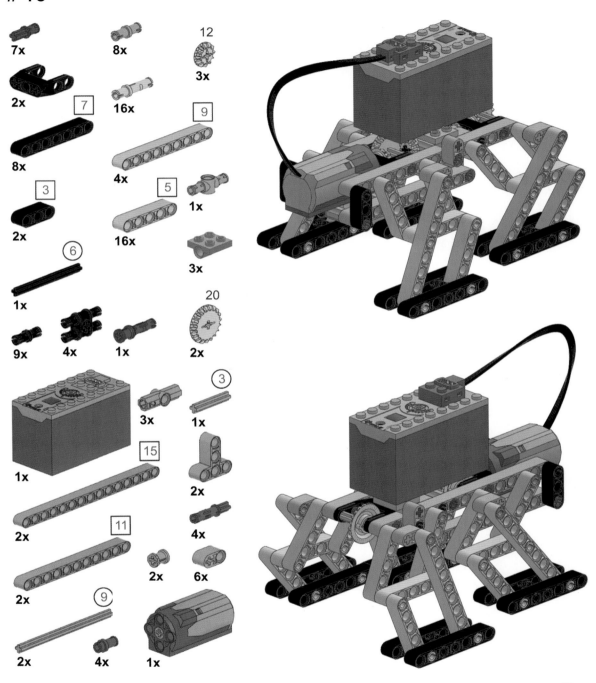

7x	
8x	
12	
3x	
2x	7
16x	
8x	9
4x	
3	
5	
2x	16x
1x	
6	
3x	
1x	
20	
9x	4x
1x	2x

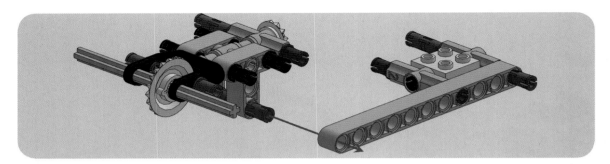

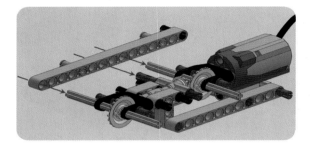

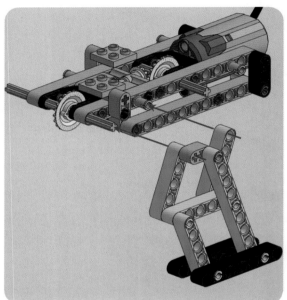

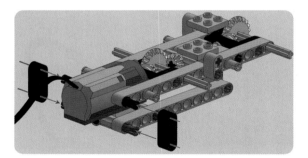

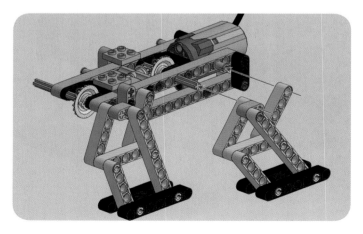

#11

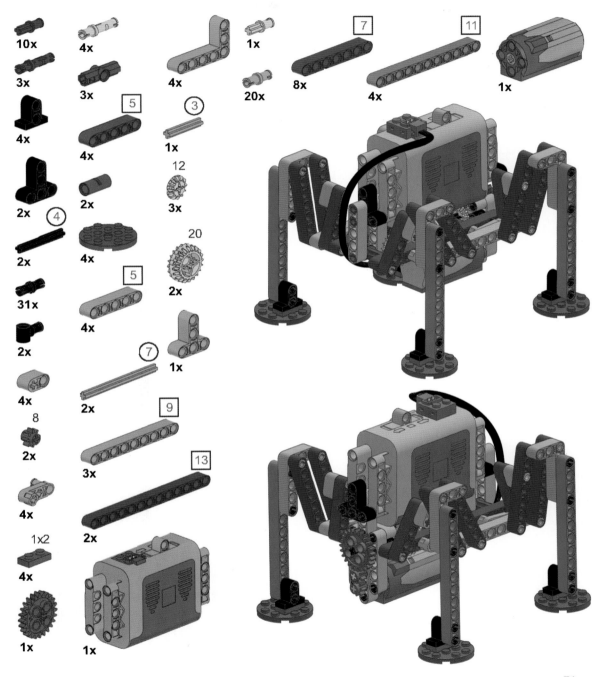

10x

3x

4x

2x

2x

31x

2x

4x

8

2x

4x

1x2

4x

1x

4x

3x

5

4x

2x

4

2x

5

4x

7

2x

9

3x

13

2x

1x

4x

4x

1x

3

1x

12

3x

20

2x

7

1x

1x

1x

20x

8x

7

4x

11

1x

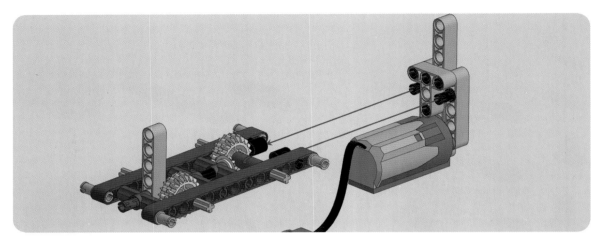

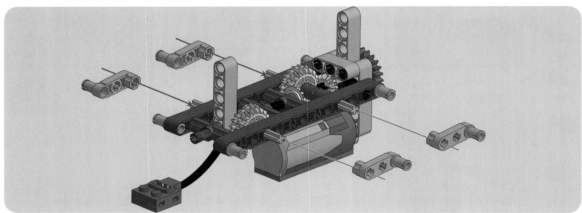

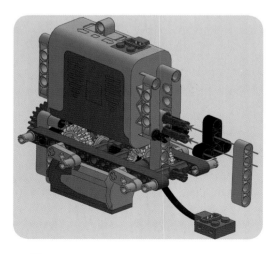

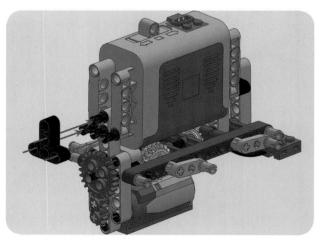

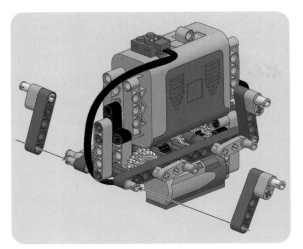

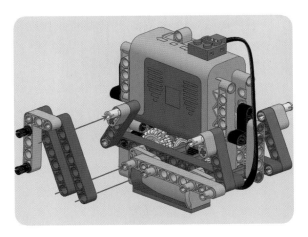

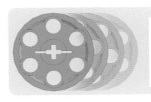

#12

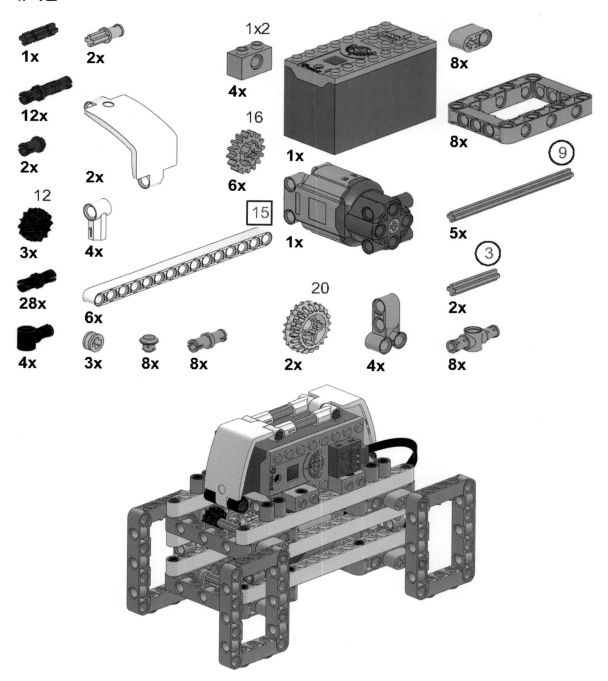

1x

2x

1x2

4x

8x

12x

2x

8x

16

2x

6x

9

2x

12

15

5x

3x

4x

1x

3

28x

6x

1x

20

2x

4x

3x

8x

8x

2x

4x

8x

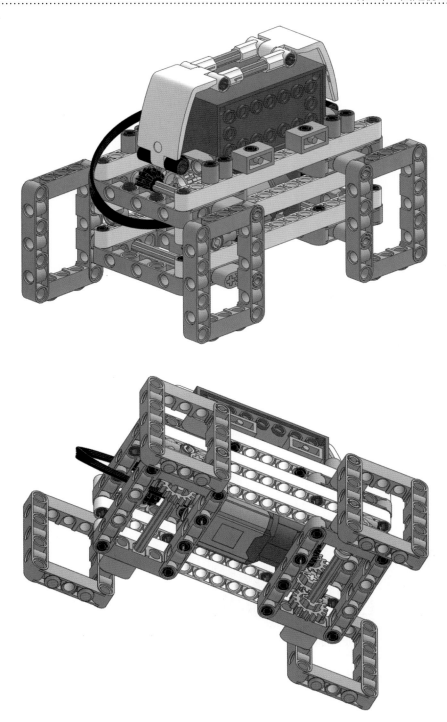

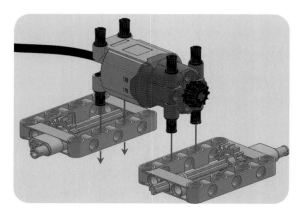

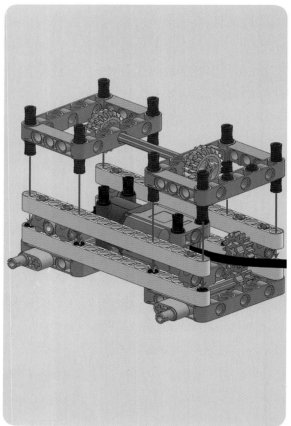

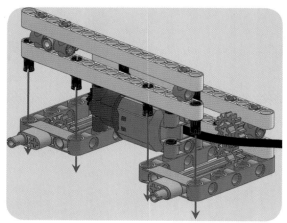

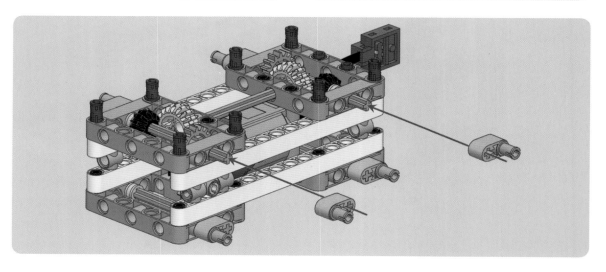

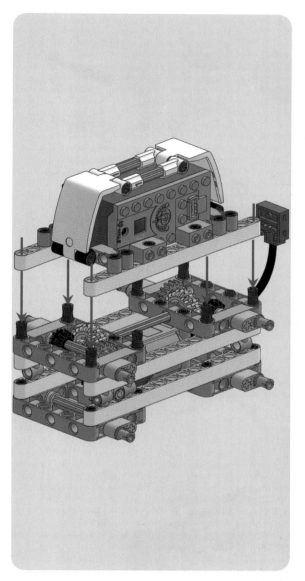

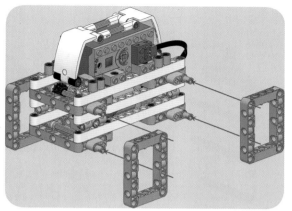

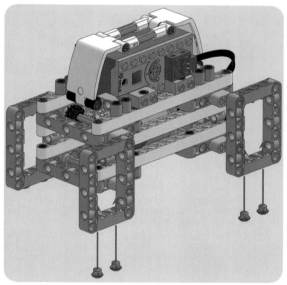

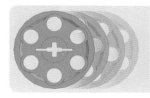

#13

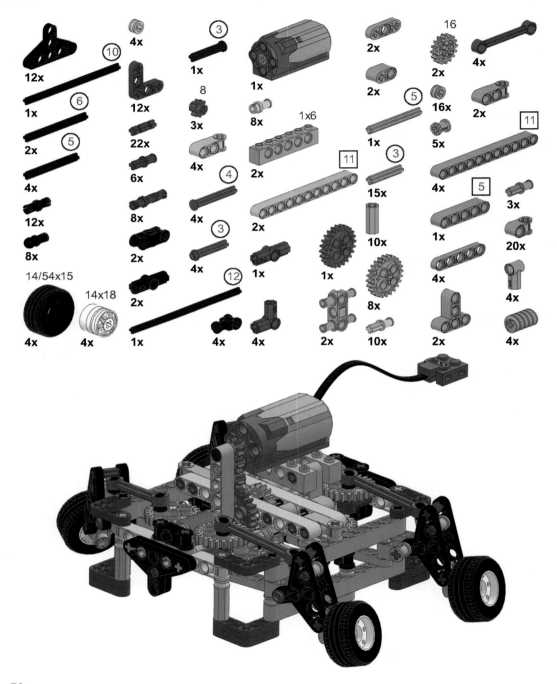

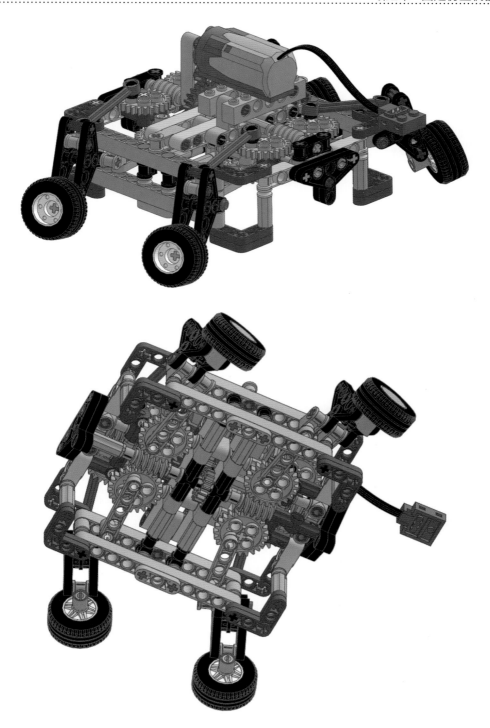

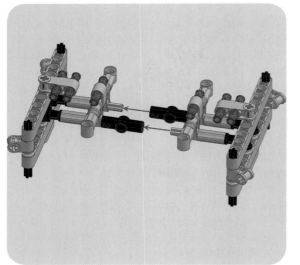

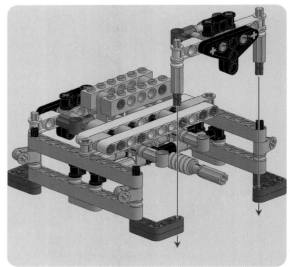

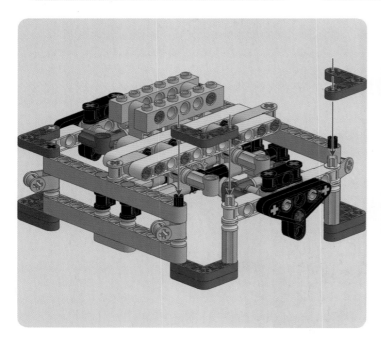

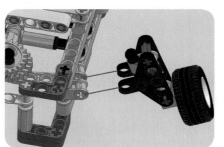

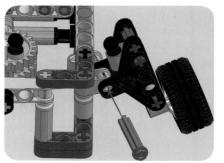

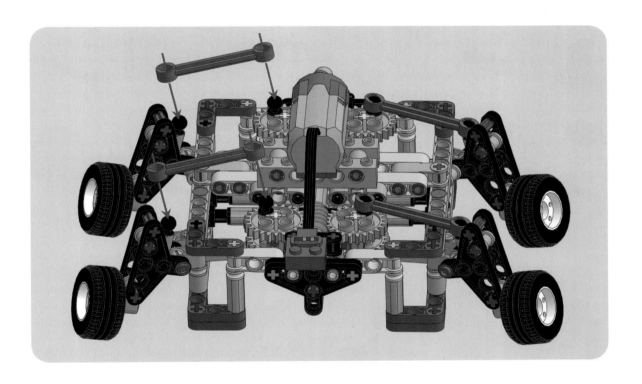

#14

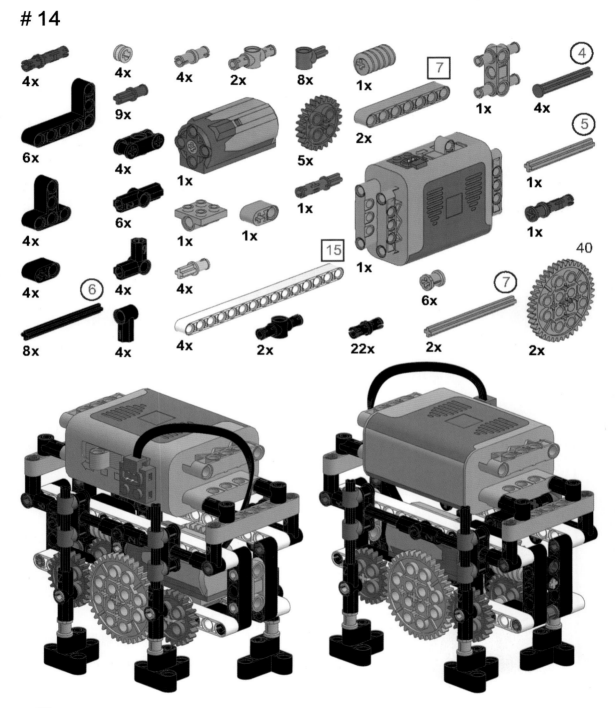

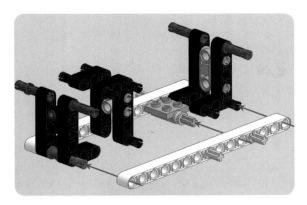

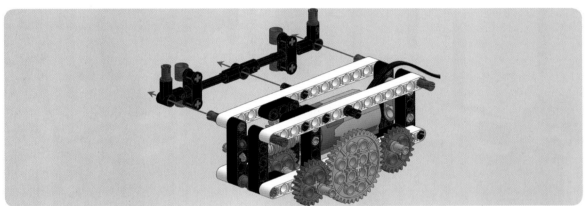

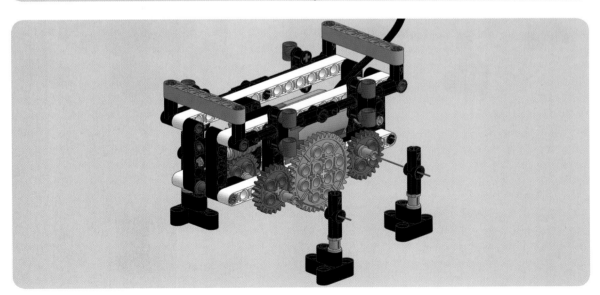

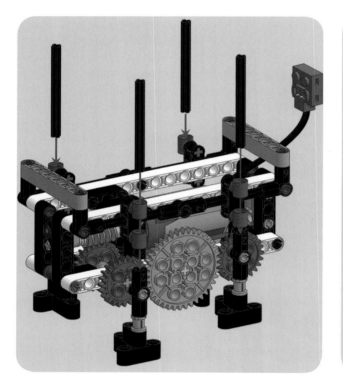

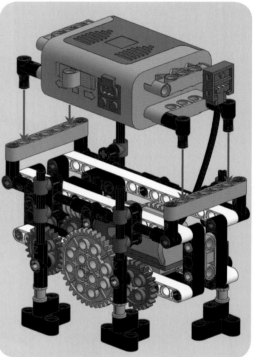

#15

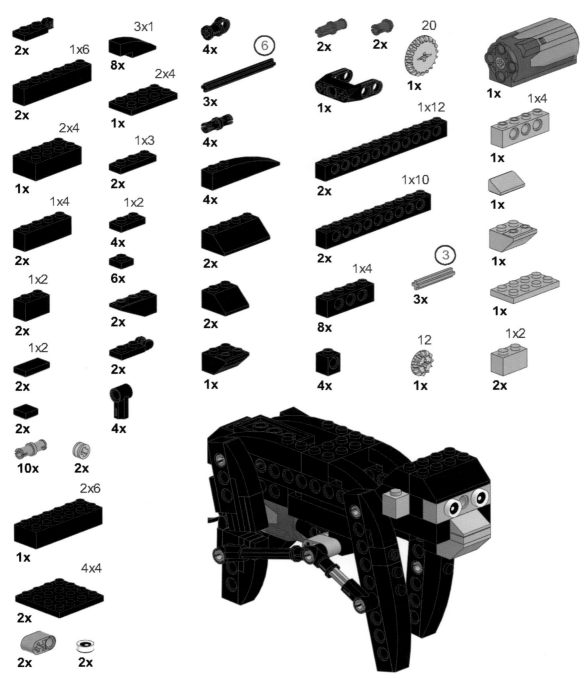

2x　　**1x6**

8x　**3x1**

2x　　**2x4**

1x

2x4

1x

1x3

2x

1x4

2x

1x2

4x

1x2

2x

6x

1x2

2x

2x

2x

2x

2x

4x

10x　**2x**

2x6

1x

4x4

2x

2x　**2x**

4x　　⑥

3x

4x

4x

2x

2x

2x

1x

2x　　**2x**

1x

20

1x

1x12

2x

1x10

2x

1x4

8x

③

3x

12

1x

4x

1x

1x4

1x

1x

1x

1x

1x

1x4

1x

1x

1x2

2x

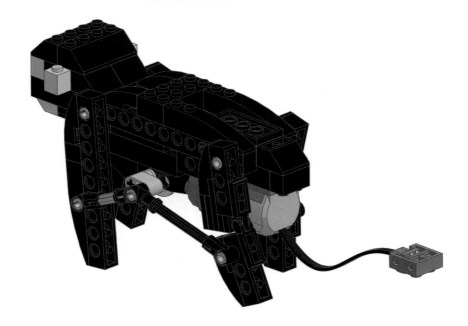

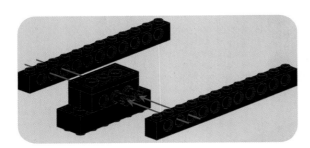

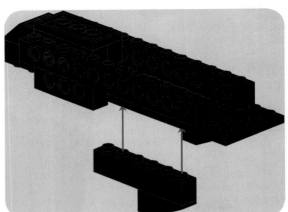

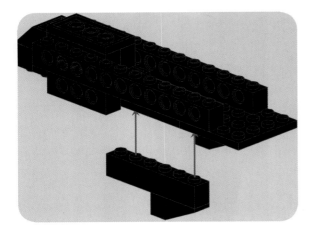

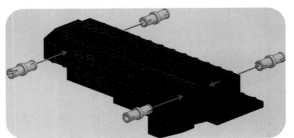

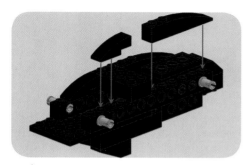

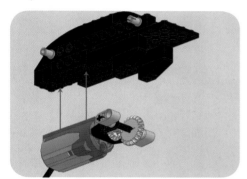

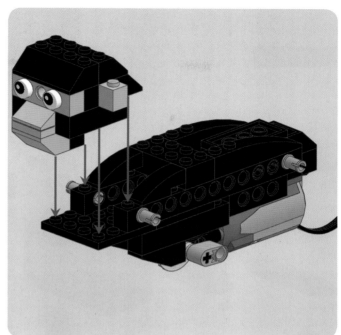

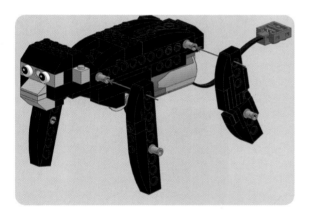

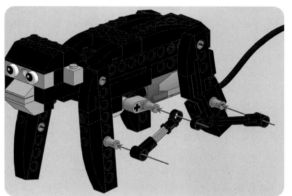

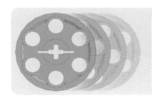

第3章

六足仿生机器人

#1

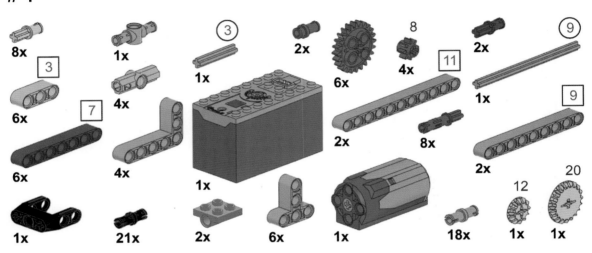

8x

3

6x

7

6x

1x

1x

4x

4x

1x

③

1x

2x

2x

2x

6x

8

4x

1x

6x

2x

8x

1x

18x

11

2x

1x

9

1x

9

2x

12

1x

20

1x

1x

21x

2x

6x

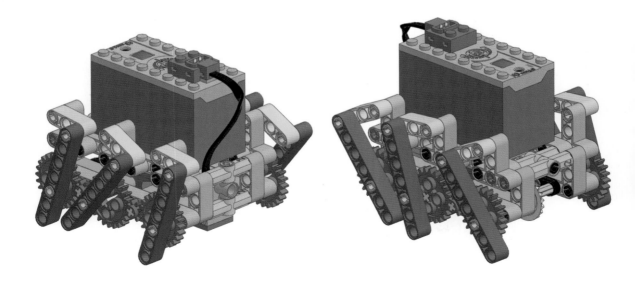

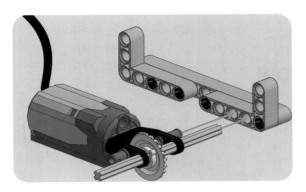

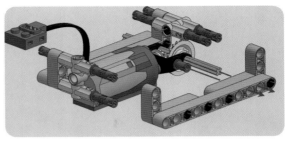

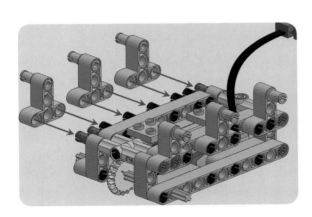

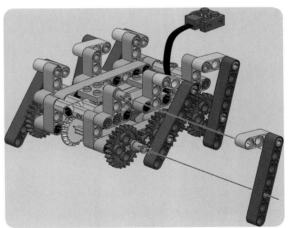

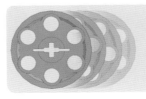

#2

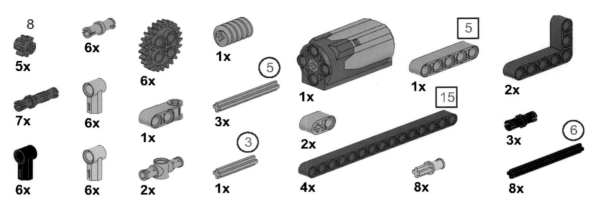

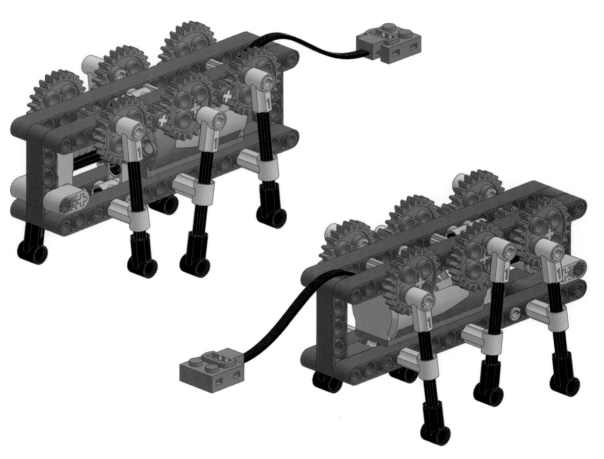

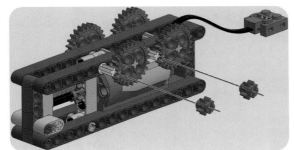

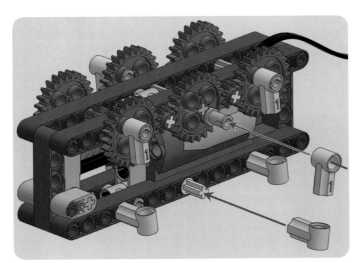

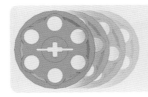

#3

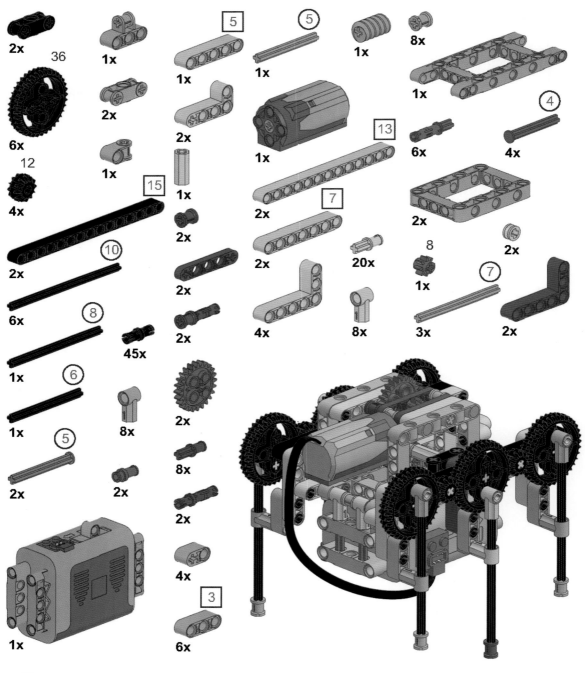

2x · 36 · 6x · 12 · 4x · 2x · 6x · 1x · 2x · 1x · 1x · 2x · 2x · 8x · 45x · 8x · 6x · 1x · 2x · 2x · 1x · 1x · 2x · 2x · 4x · 8x · 8x · 2x · 8x · 2x · 4x · 6x · 2x · 1x · 1x · 1x · 1x · 6x · 4x · 2x · 1x · 2x · 2x · 20x · 1x · 3x · 2x

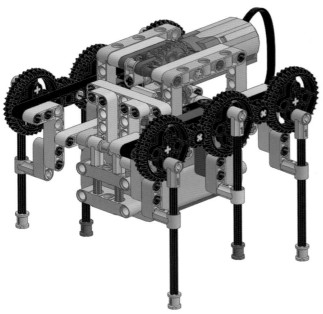

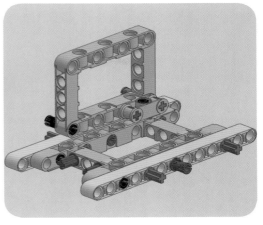

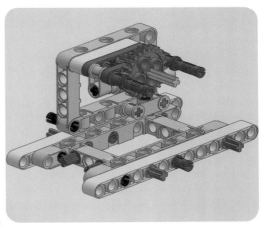

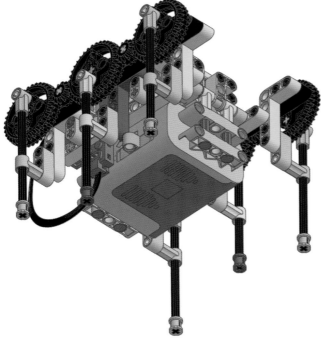

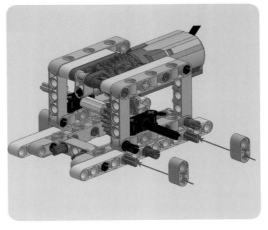

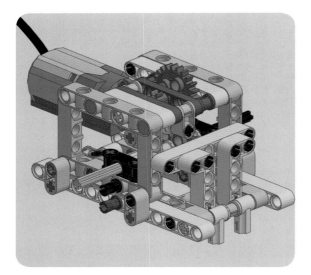

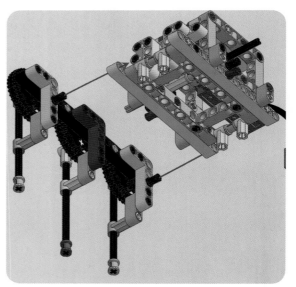

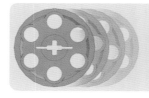

#4

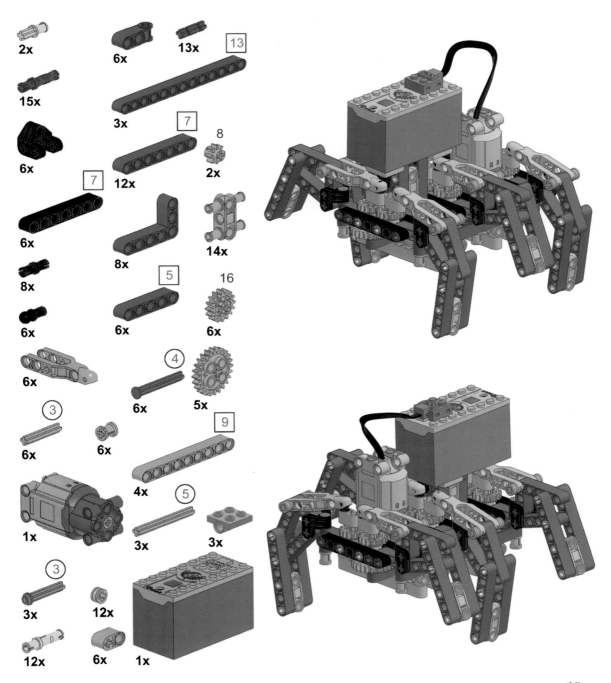

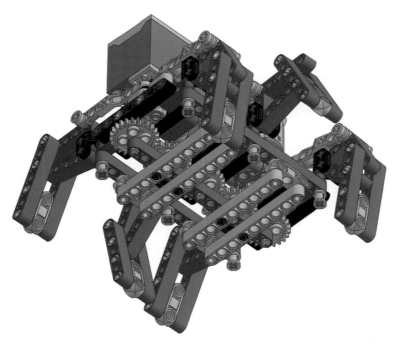

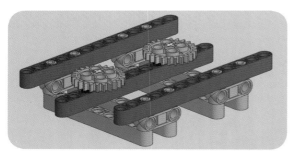

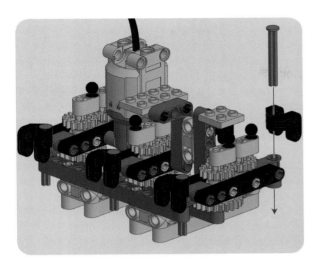

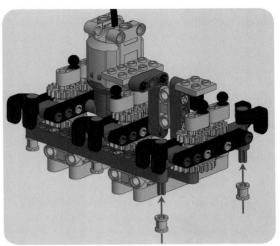

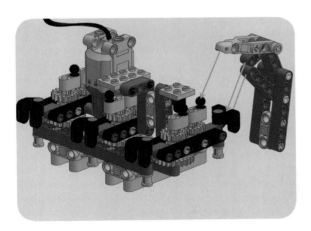

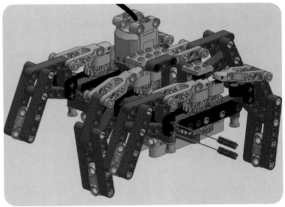

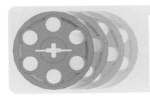

#5

12x

3x

1x

4x

1x

1x

3x

③ **7x**

6x

14x

⑧ **8x**

④ **1x**

③ **1x**

⑤ **1x**

2x2 **1x**

6x

6x

1x

3x

3x

3x

⑦ **5x**

8 **1x**

⑨ **1x**

⑦ **1x**

1x

1x

1x

4x

3x

6x

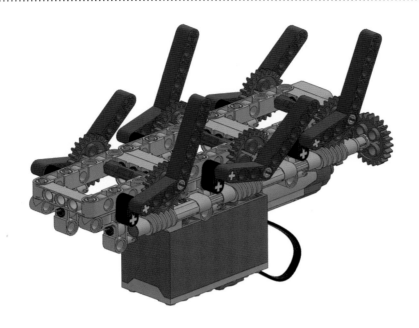

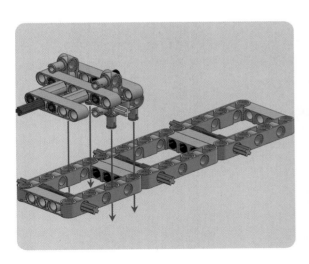

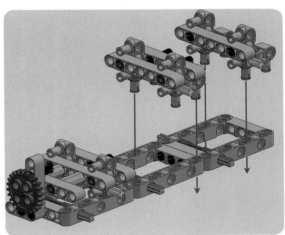

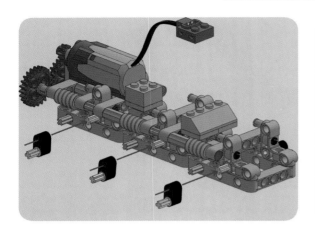

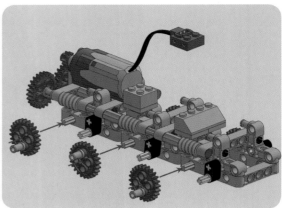

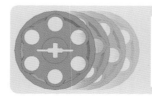

#6

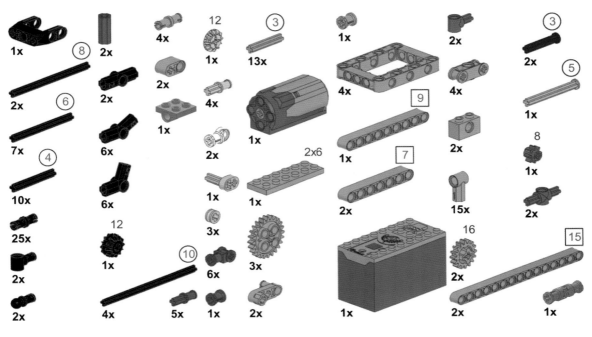

1x
8
2x
4x
12
1x
3
13x
1x
2x
4x
2x
3
2x
5

2x
6
2x
2x
4x
1x
4x
9
1x

7x
4
6x
1x
2x6
7
2x
8
1x

10x
6x
2x
1x
15x
2x

25x
12
1x
3x
16

2x
10
6x
3x
1x
2x
15

2x
4x
5x
1x
2x
1x
2x
1x

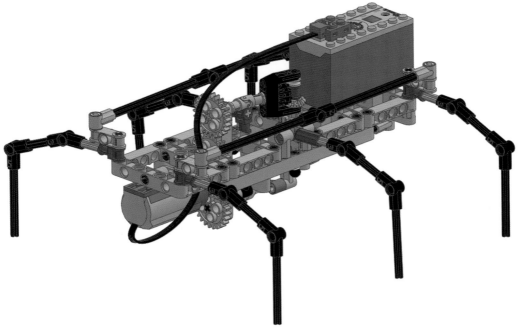

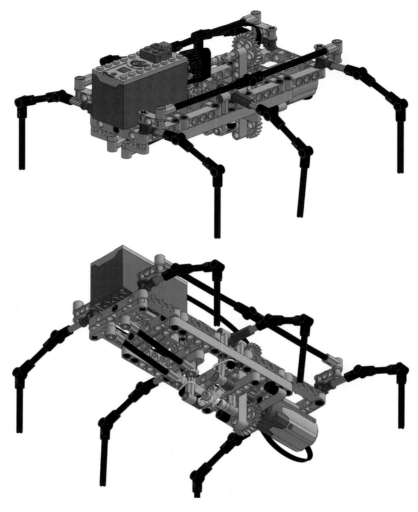

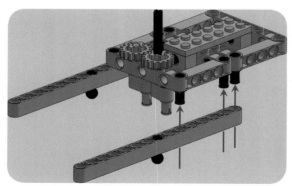

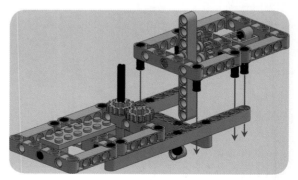

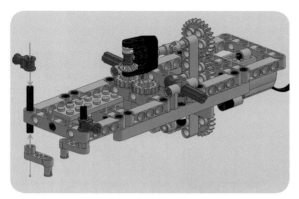

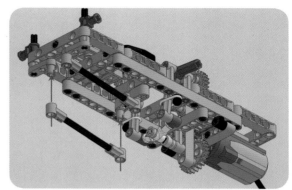

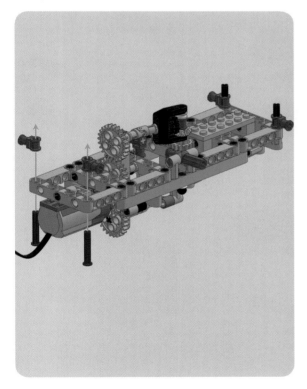

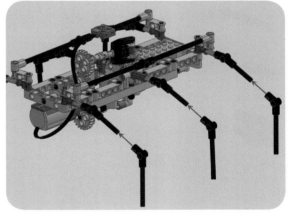

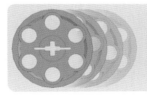

#7

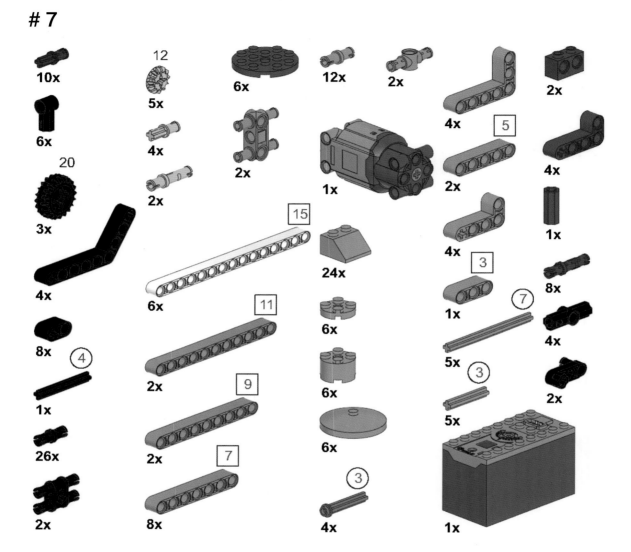

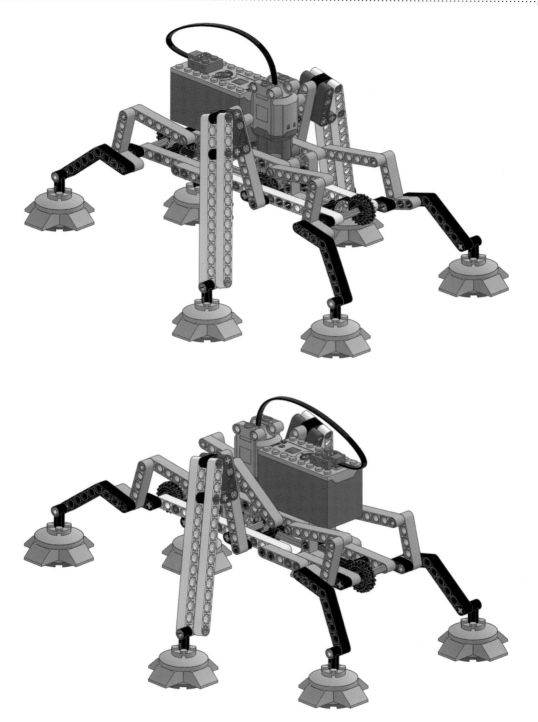

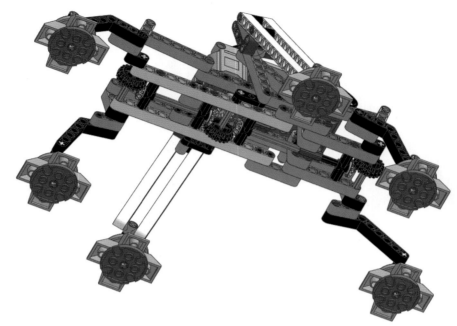

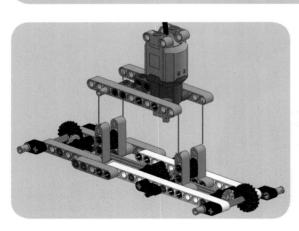

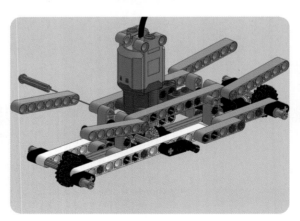

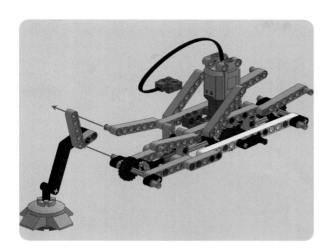

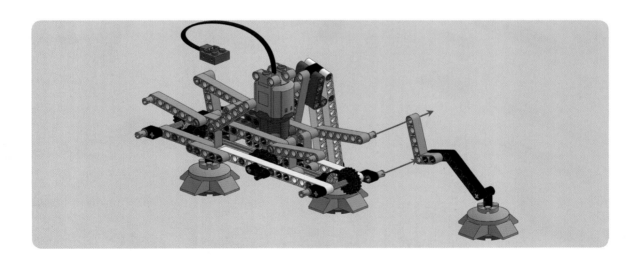

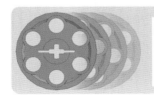

#8

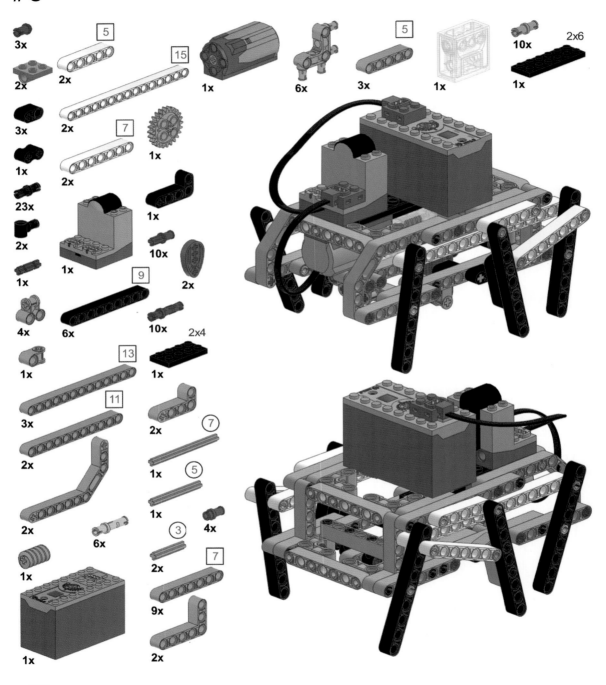

3x

5
2x

2x

15
1x

1x

6x

3x

5
1x

10x

2x6
1x

3x

2x

7
1x

1x

3x

2x

23x

1x

10x

2x

1x

1x

4x

9
6x

10x

2x4
1x

1x

13
3x

2x

11
2x

7
1x

5
1x

2x

3
2x

4x

6x

1x

7
2x

9x

1x

2x

乐高仿生机器人设计

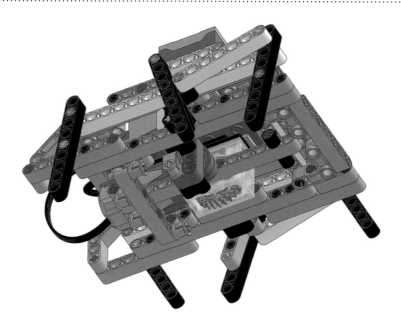

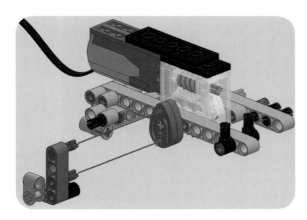

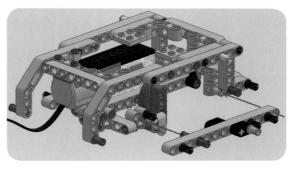

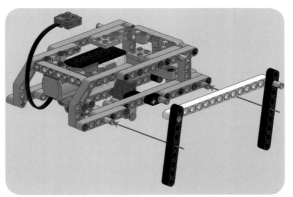

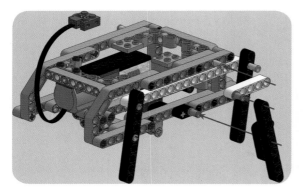
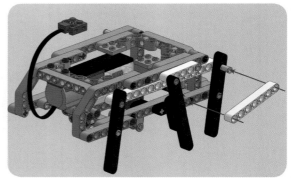

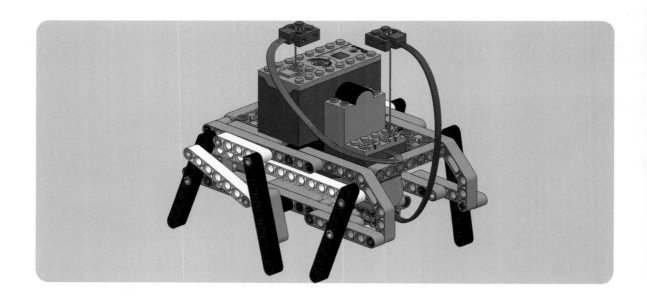

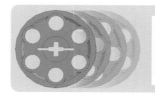

#9

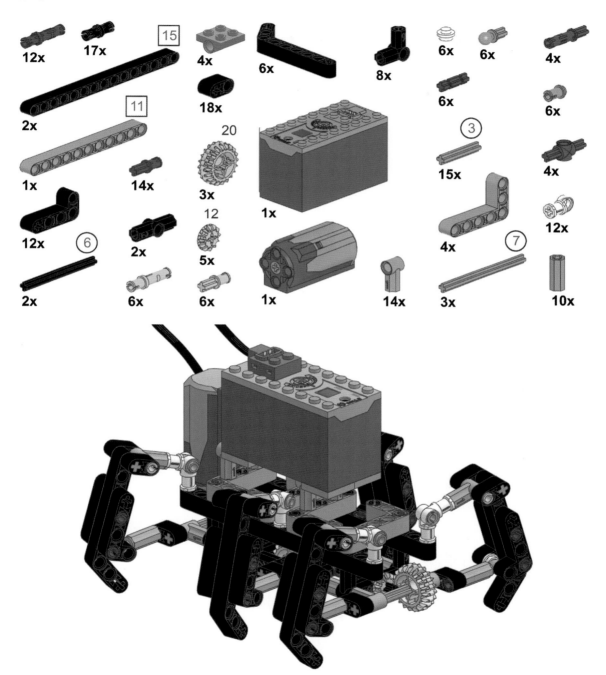

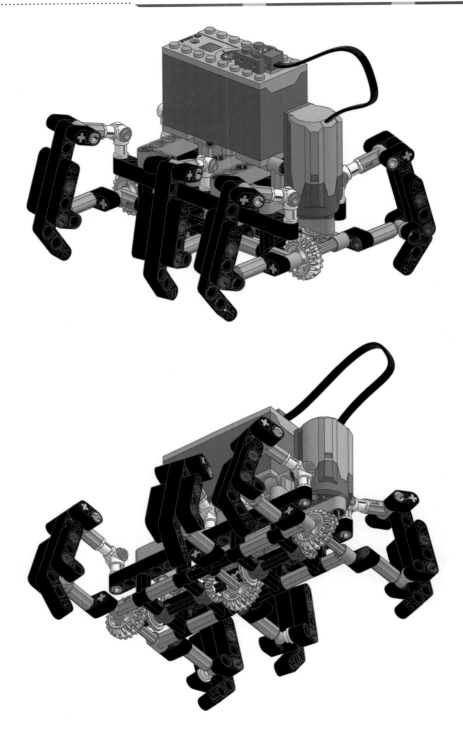

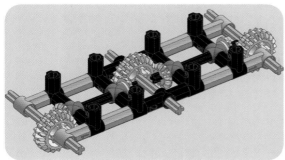

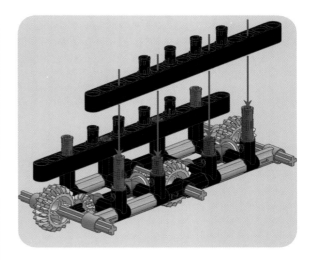

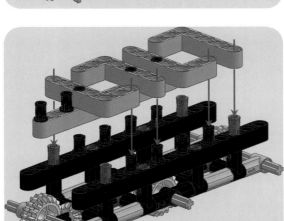

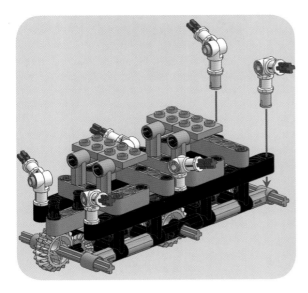

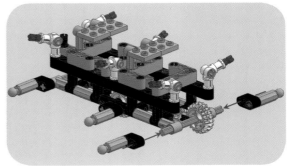

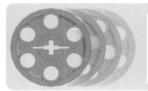

#10

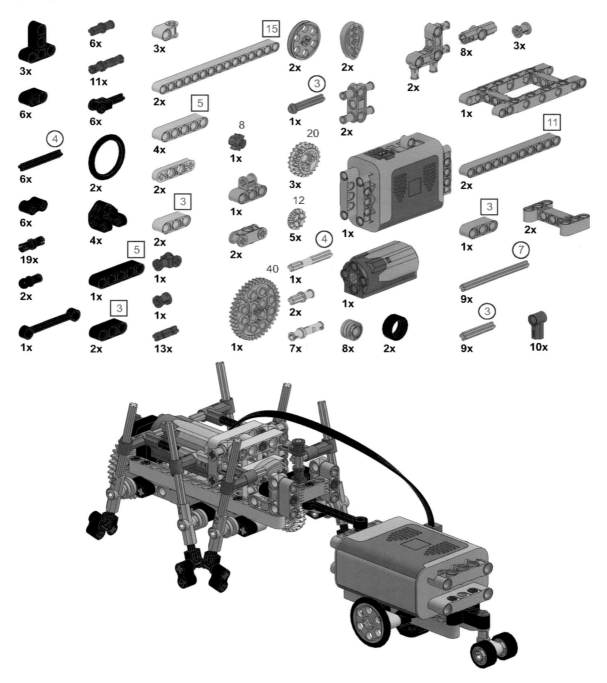

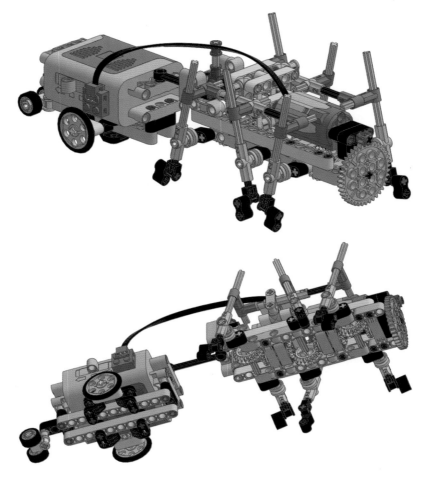

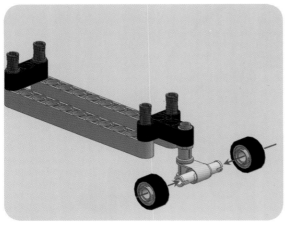

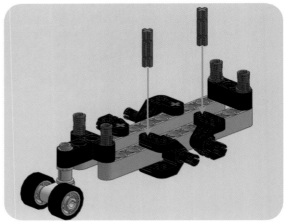

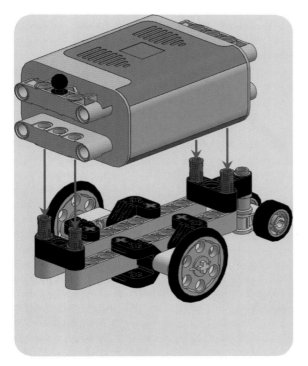

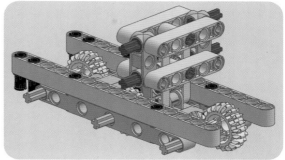

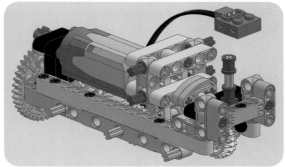

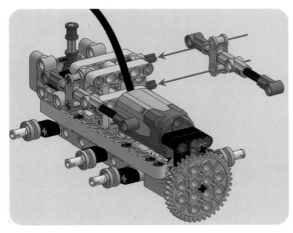

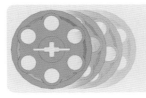

＃ 11

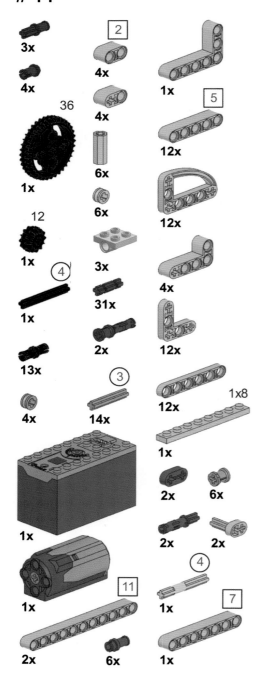

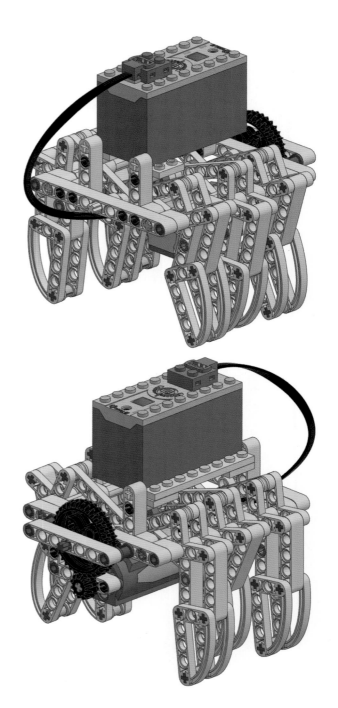

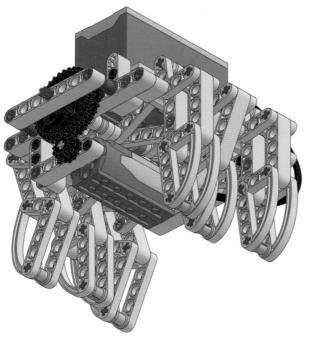

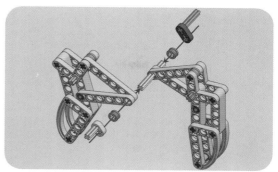

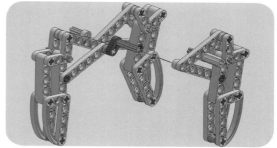

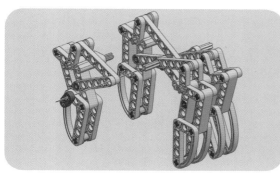

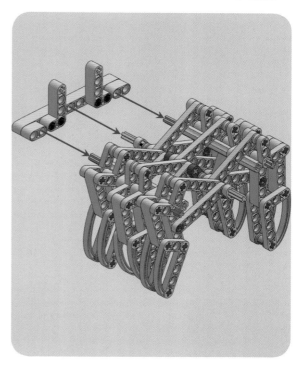

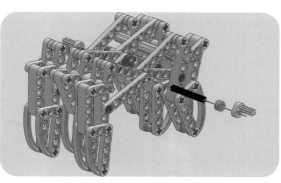

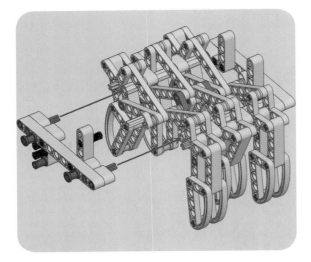

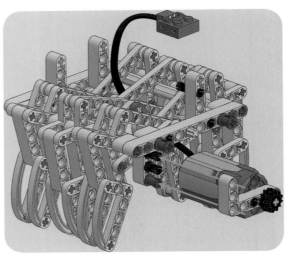

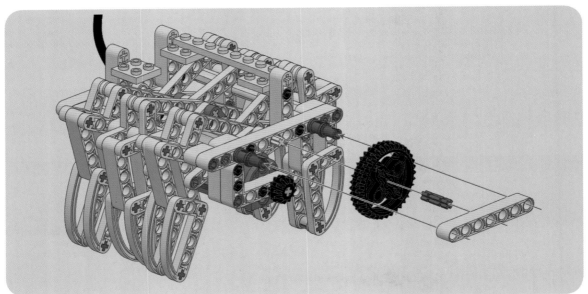

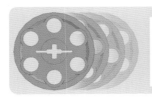

#12

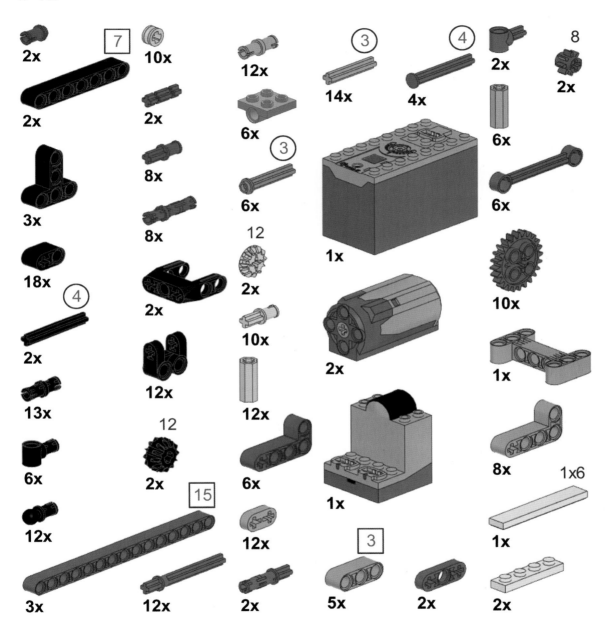

2x
7
10x
12x
3
4
8
2x
2x

2x
2x
6x
14x
4x
2x

3x
8x
3
6x

8x
1x
6x

18x
12
6x

4
2x
2x
10x

2x
10x
2x
10x

13x
12x
12x
1x

6x
12
2x
6x
1x
8x

1x6

12x
15
12x
1x

3x
12x
2x
3
5x
2x
2x

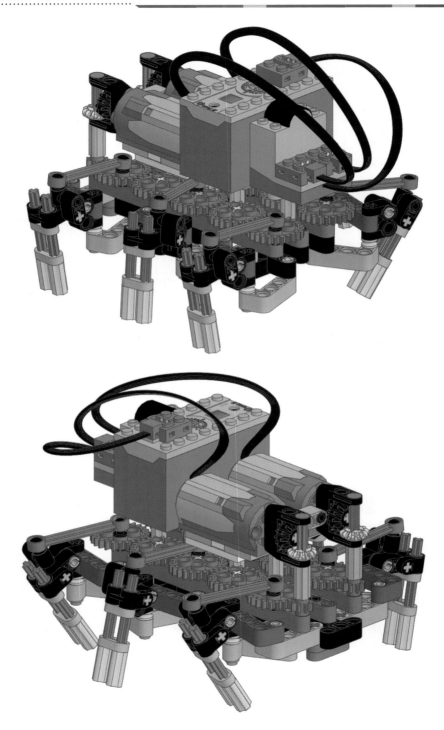

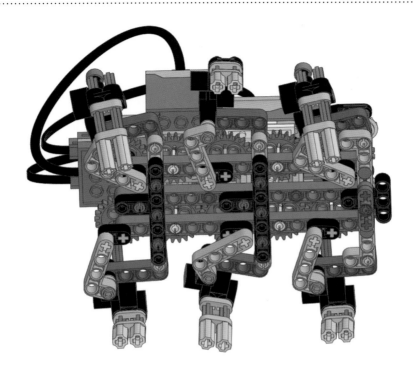

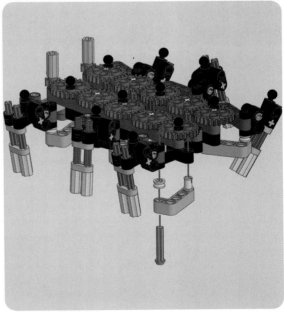

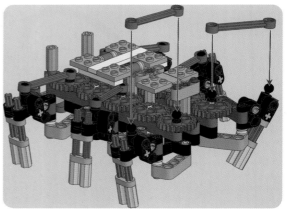

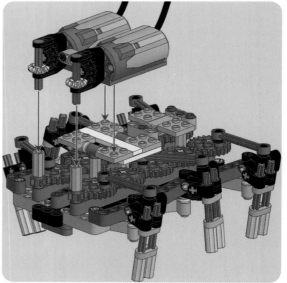

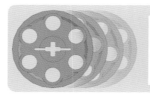

#13

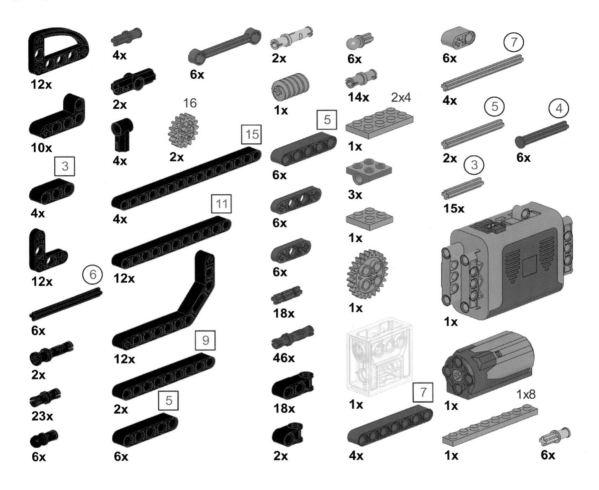

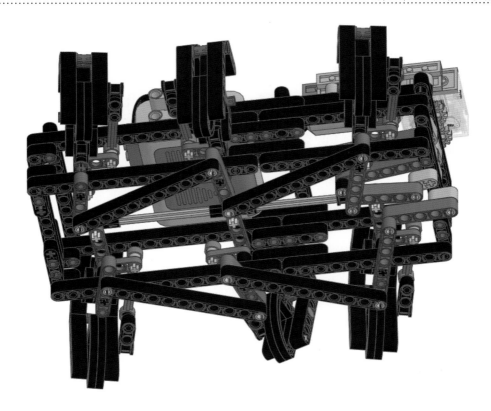

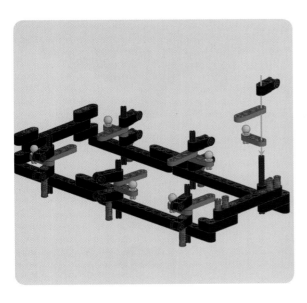

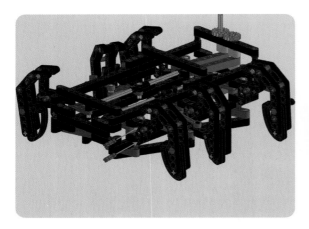

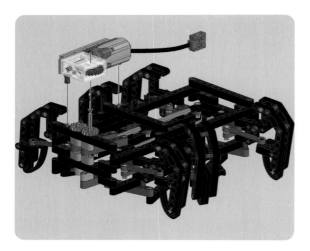

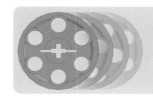

#14

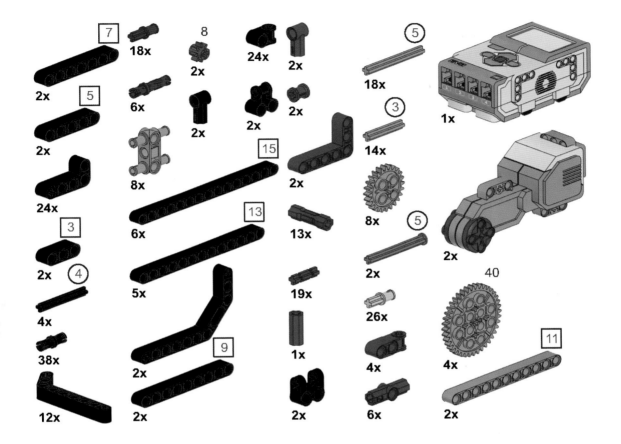

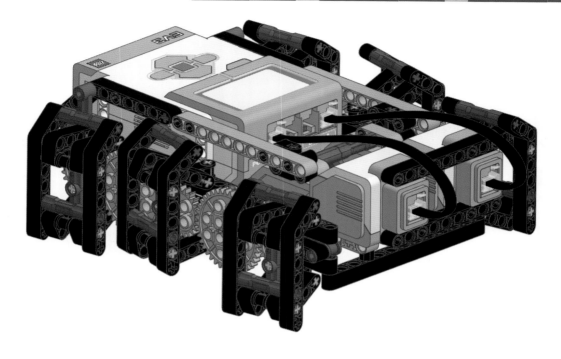

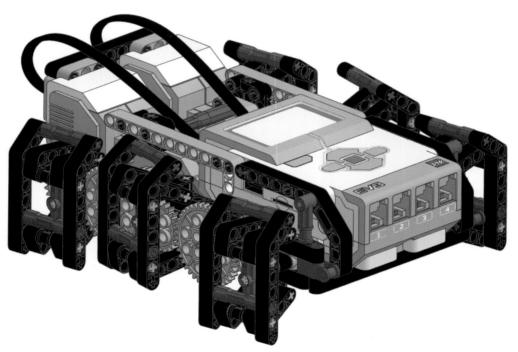

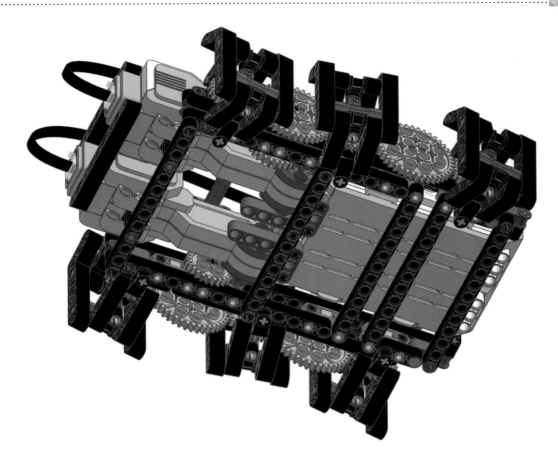

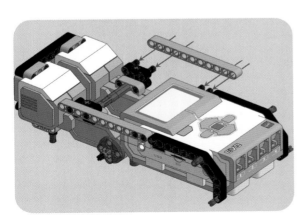

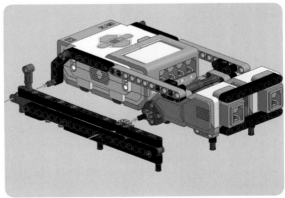

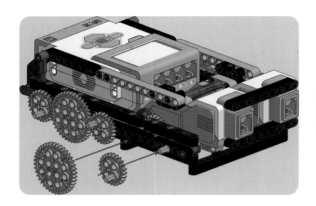

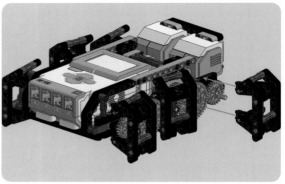

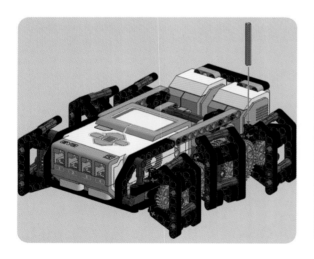

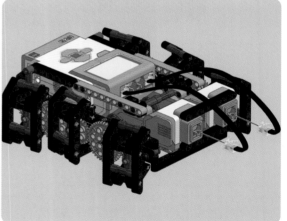

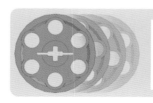

第4章

多足仿生机器人

\# 1

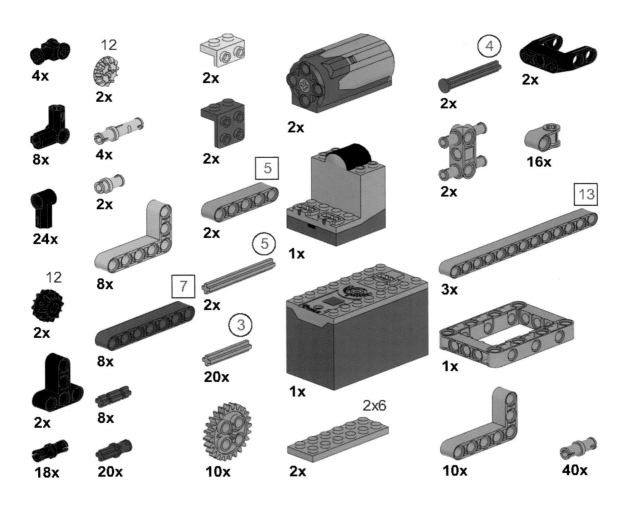

4x
12
2x
2x

8x
4x
2x
2x

24x
2x
8x
5
2x

12
2x
7
8x
5
2x
1x

2x
8x
2x
3
20x

2x
8x
18x
20x
10x
2x6
2x

2x
1x

2x
2x
16x

13
3x
1x

4
2x
2x

10x
40x

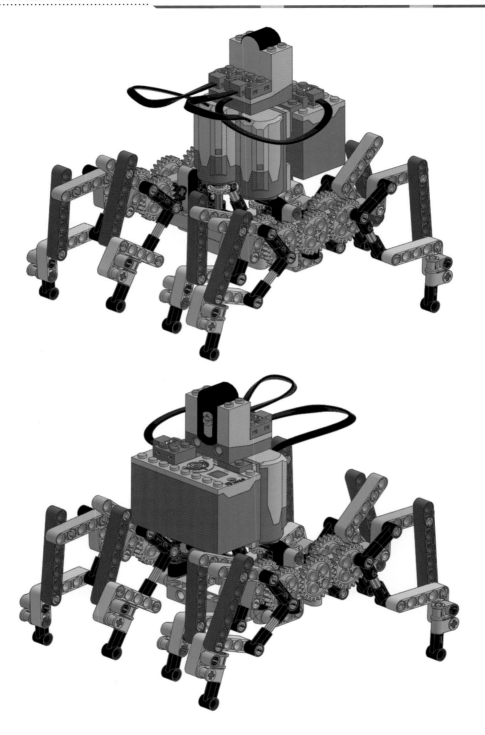

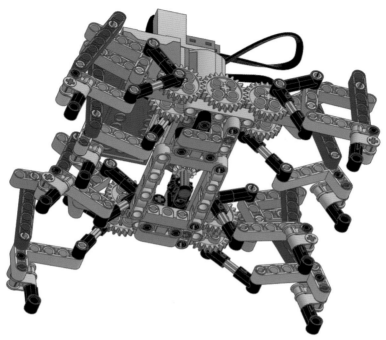

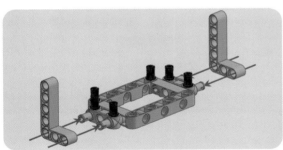

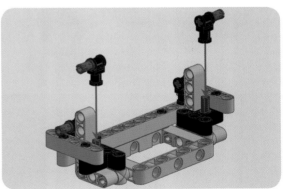

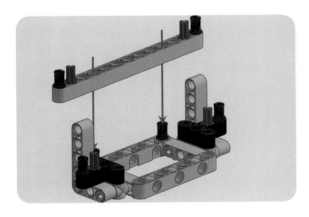

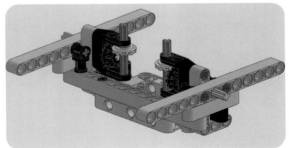

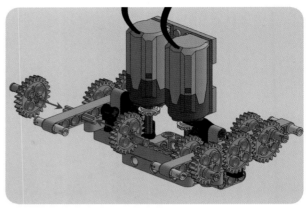

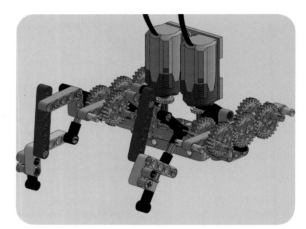

#2

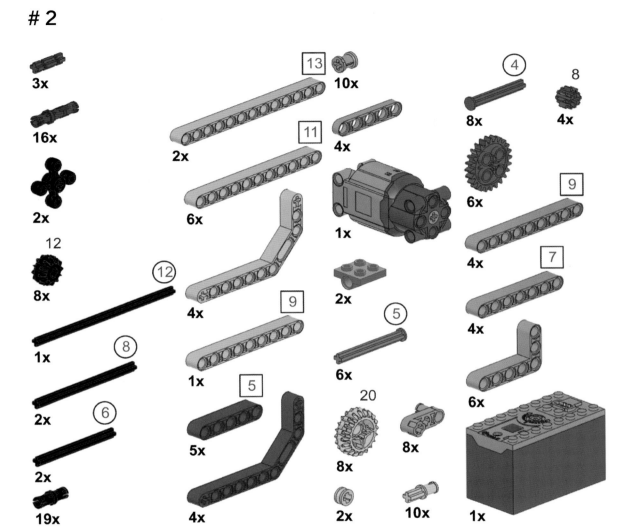

3x

16x

2x

12
8x

12
1x

8
2x

6
2x

19x

13
10x

2x

11
6x

4x

12
4x

9
1x

5
5x

4x

1x

9
1x

2x

5
6x

20
8x

2x

4
8x

8
4x

6x

9
4x

7
4x

6x

8x

10x

1x

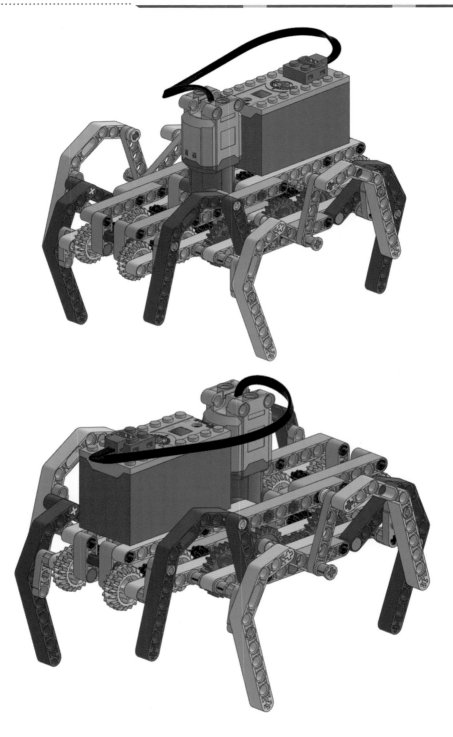

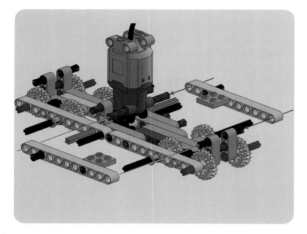

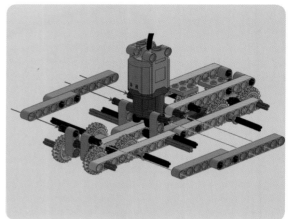

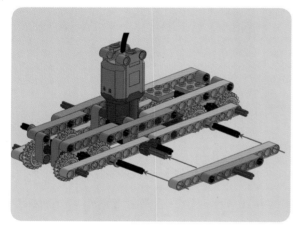

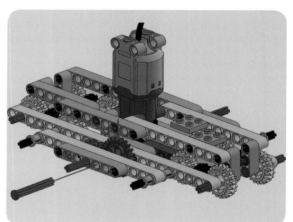

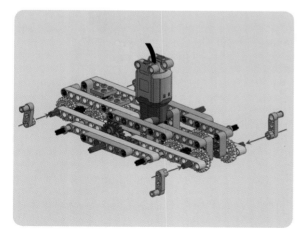

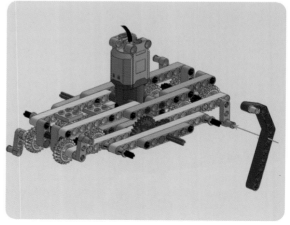

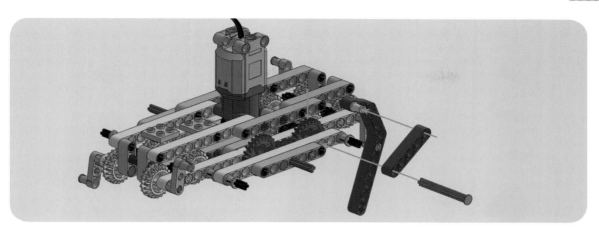

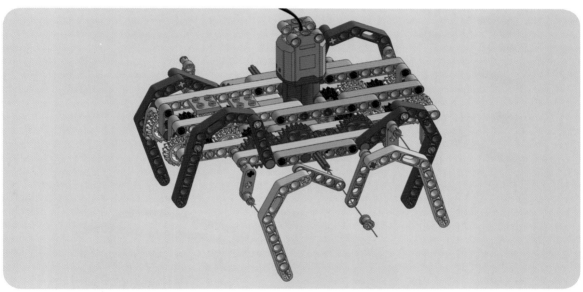

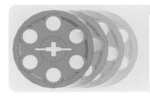

#3

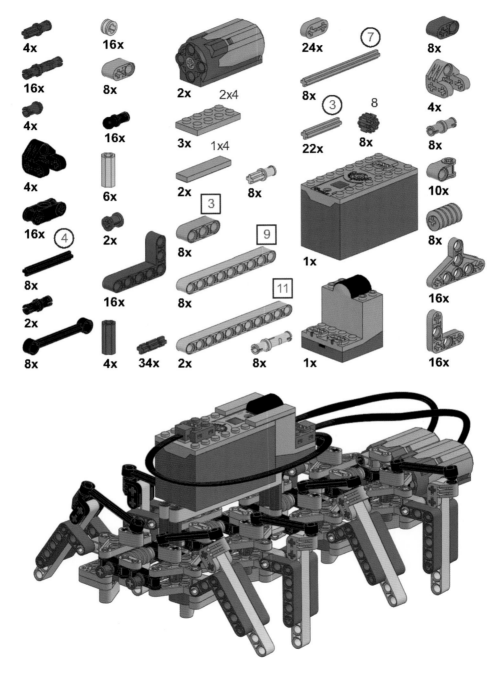

4x

16x

16x

8x

4x

16x

4x

6x

16x

2x

⑷

8x

2x

8x

2x4

3x 1x4

2x

⑶

8x

16x

8x

8x

8x

24x

⑺

8x

⑶

22x

8
8x

8x

8x

8x

⑼

⑾

34x

2x

2x

8x

1x

1x

8x

4x

8x

10x

8x

16x

16x

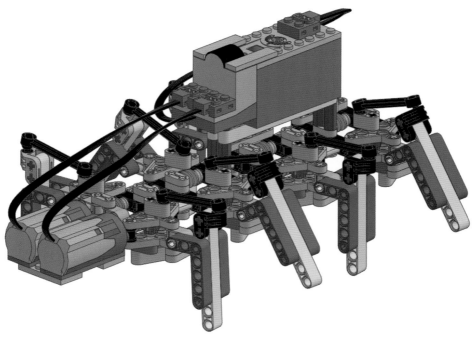

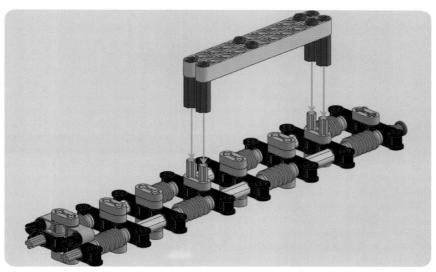

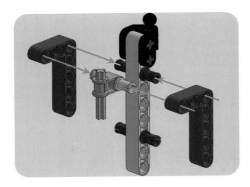

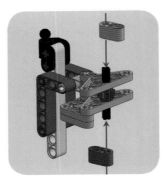

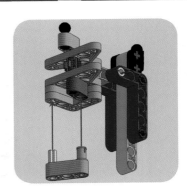

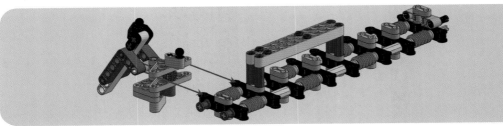

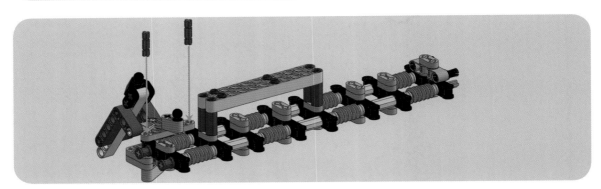

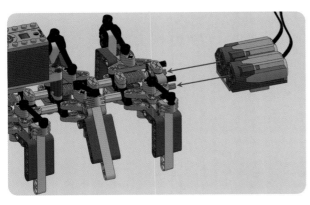

#4

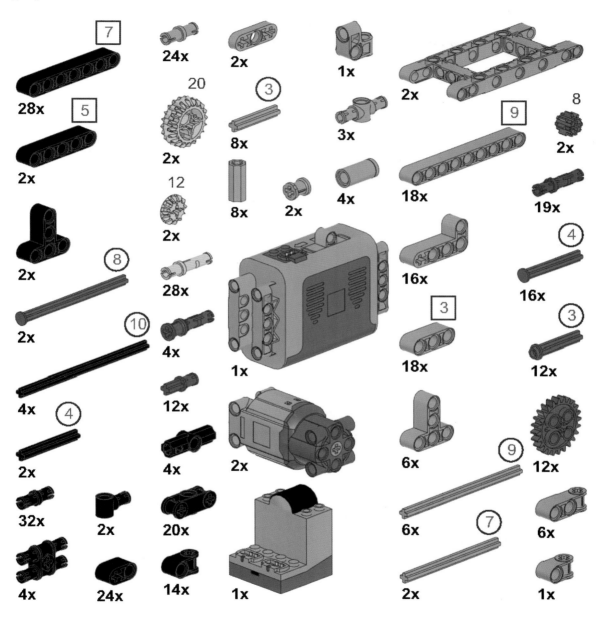

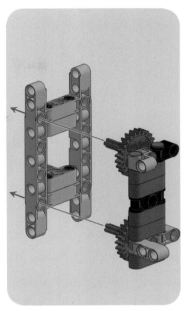

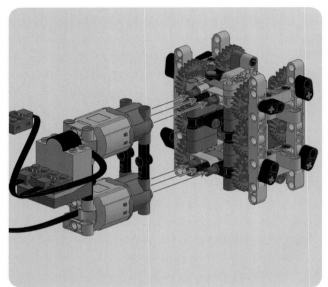

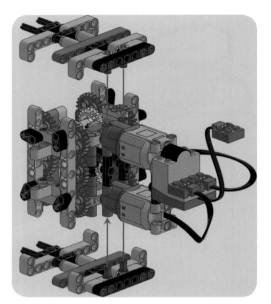

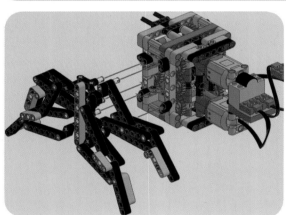

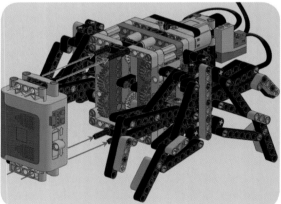

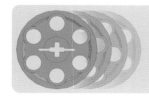

#5

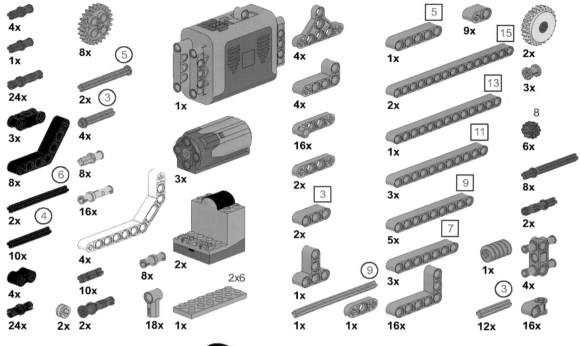

4x
1x
24x
3x
8x
2x
10x
4x
24x

8x
⑤
2x ③
4x
⑥
8x
16x
4x
10x
2x 2x

⑤
2x

③
4x

4x

1x

3x

2x

8x
18x

4x
4x
16x
2x
3x
2x

1x

⑨
1x

⑤
1x

2x

1x

⑨
1x

3x

5x

3x
16x

9x
⑮
13
11
9
7

⑨
2x
3x

8
6x
8x
2x

1x
③
12x

2x
3x
8
6x
4x
16x

2x6
1x

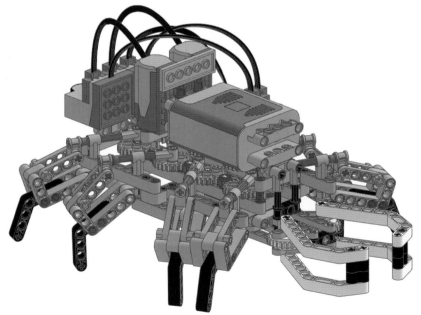

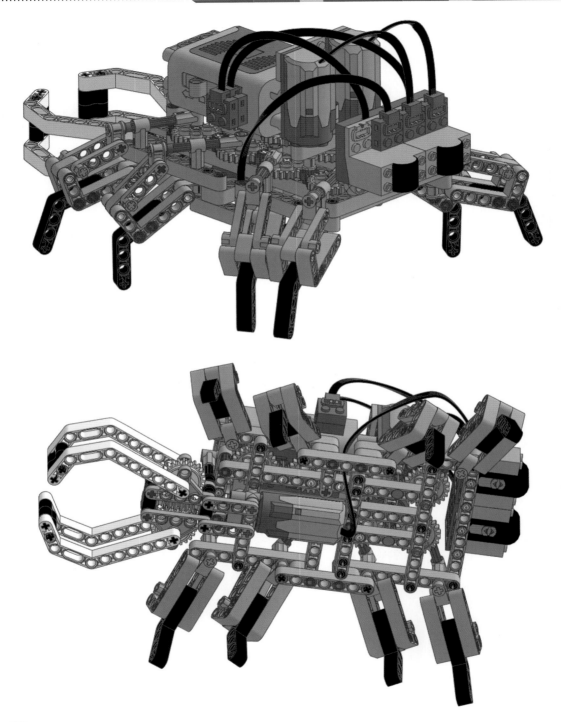

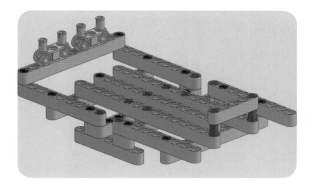

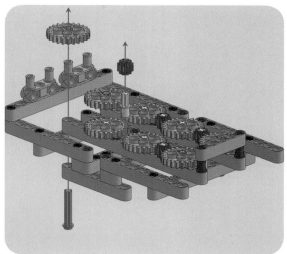

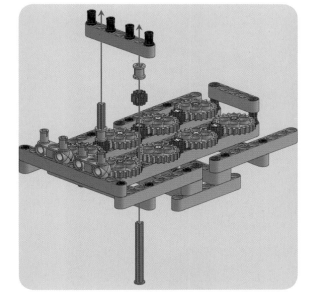

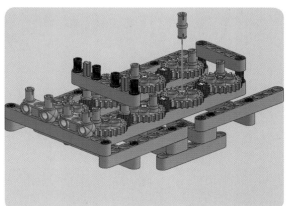

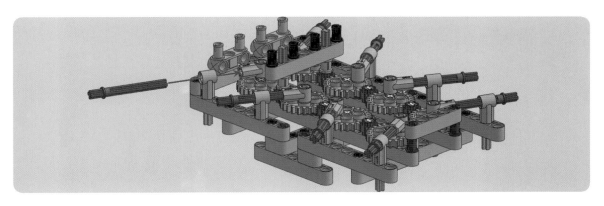

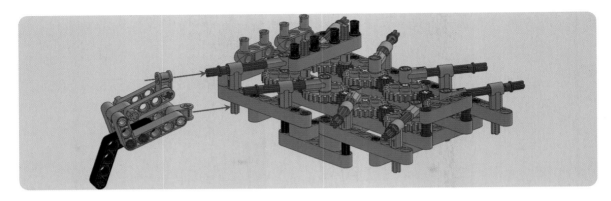

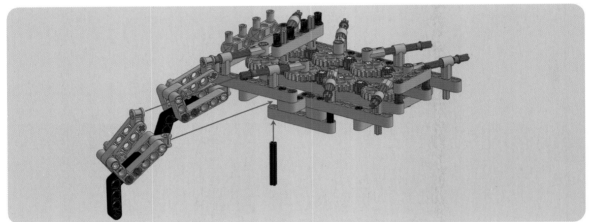

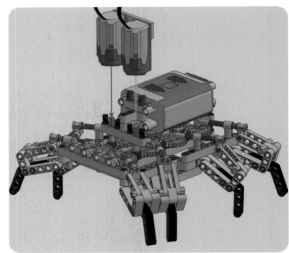

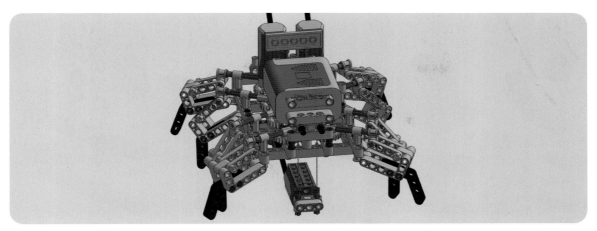

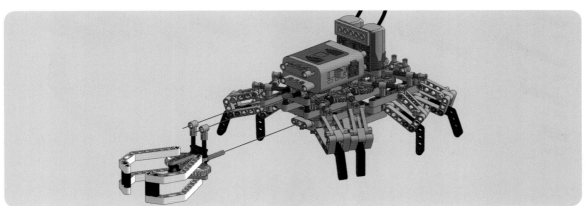

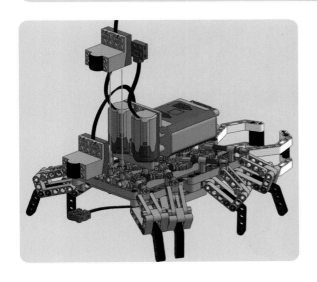

#6

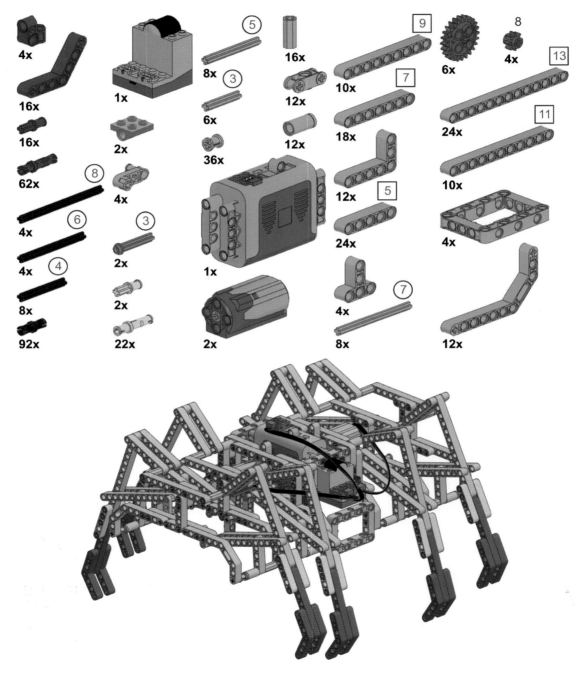

4x

16x

16x

16x

62x

4x

4x

8x

92x

1x

2x

2x

2x

22x

⑤
8x

③
6x

36x

1x

2x

16x

12x

12x

④

③

⑥

⑧

⑨
10x

⑦
18x

12x

⑤
24x

⑦
4x

8x

6x

8
4x

⑬
24x

⑪
10x

4x

12x

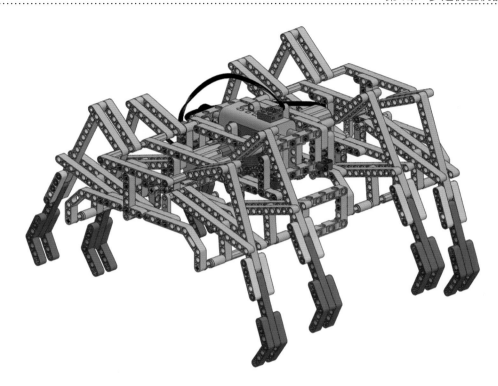

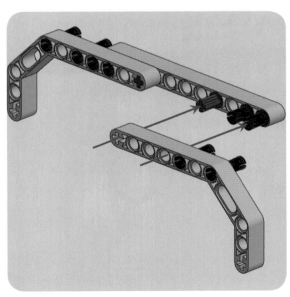

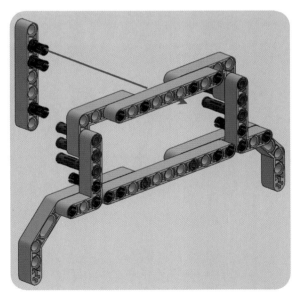

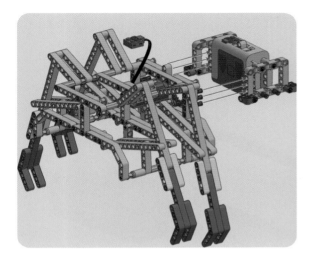

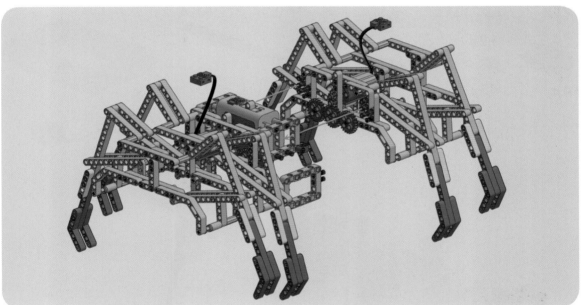

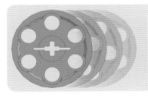

#7

8x

16x

8x

8

4x

8x

16x

8x

5

8x

8x

8

8x

8x

24x

12x

3x

9

7x

1x

4x

48x

18x

8

1x

3

28x

6x

4x

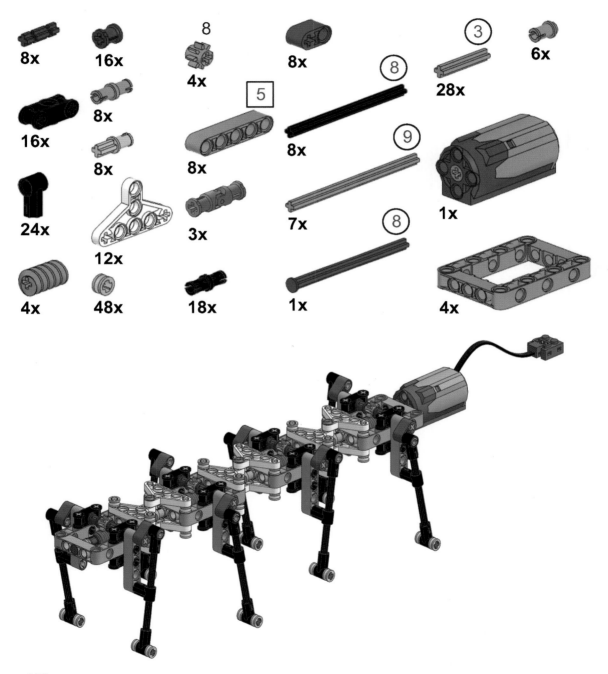

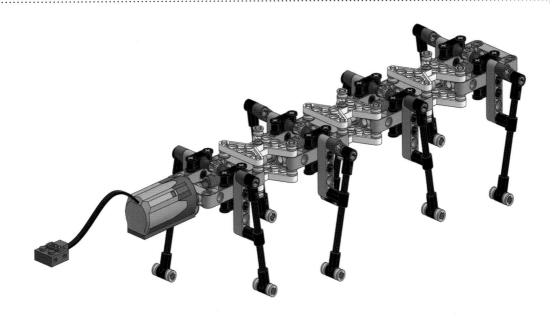

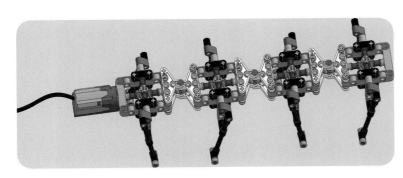

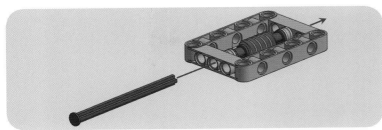

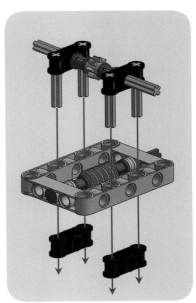

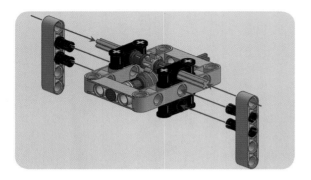

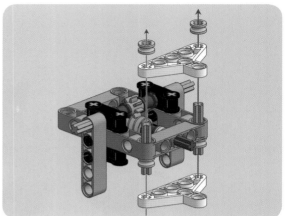

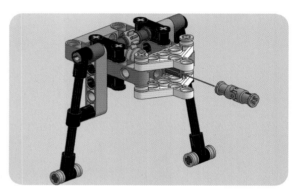

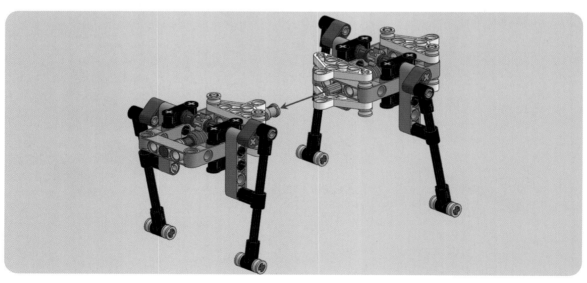

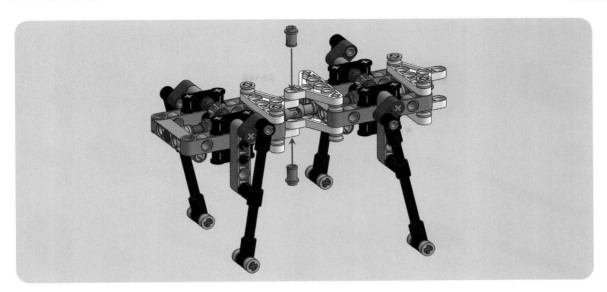

#8

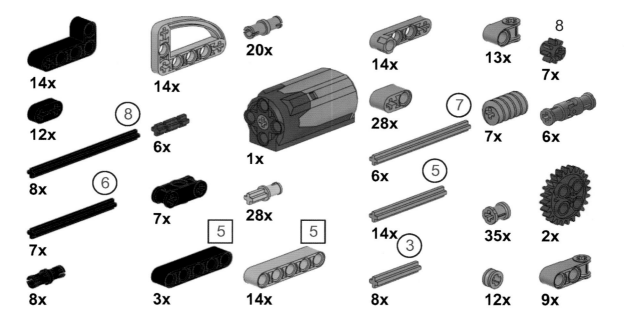

14x **14x** **20x** **14x** **13x** **8** **7x**

12x ⑧ **6x** **1x** **28x** ⑦ **7x** **6x**

8x ⑥ **7x** **28x** **6x** ⑤ **35x** **2x**

7x ⑤ ⑤ **14x** ③ **12x** **9x**

8x **3x** **14x** **8x**

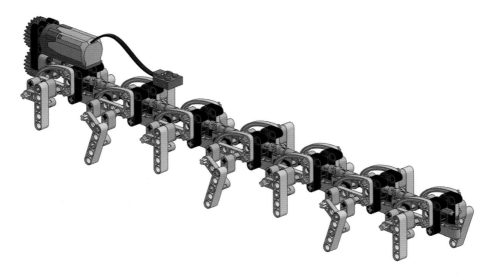

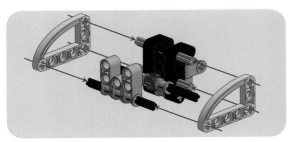

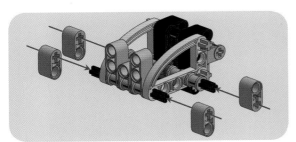

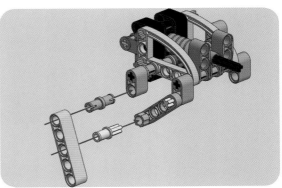

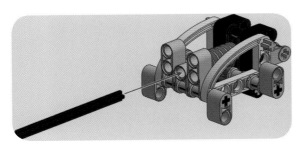

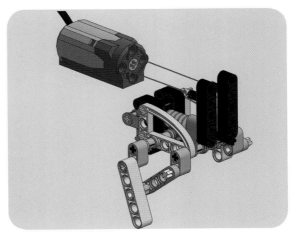

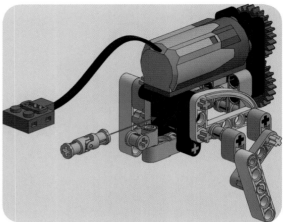

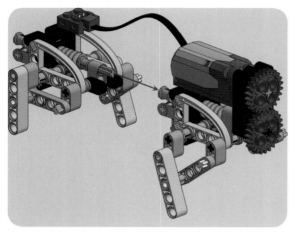

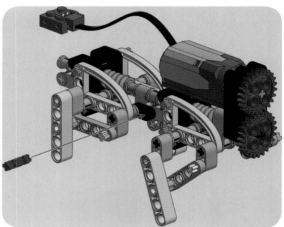

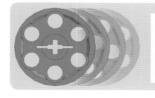

#9

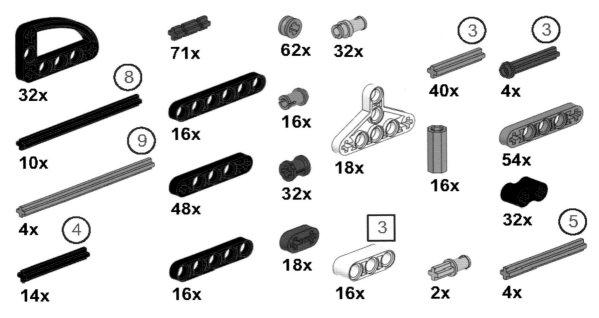

32x 71x 62x 32x ③ ③

⑧ 16x 40x 4x

10x 16x 16x 18x 54x

⑨ 48x 32x 16x 32x

4x ④ ⑤

14x 16x ③16x 2x 4x

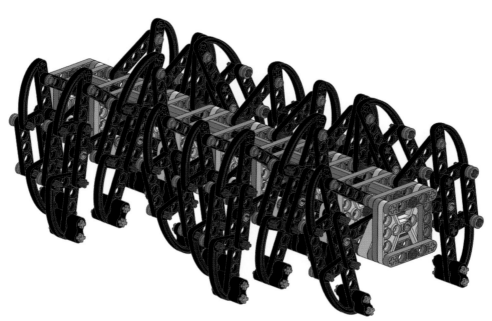

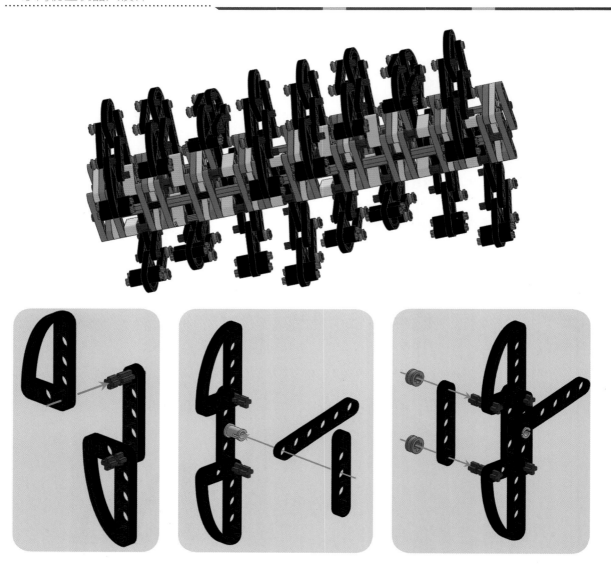

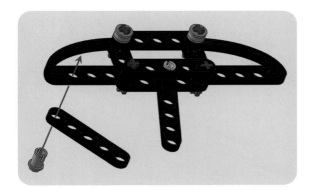

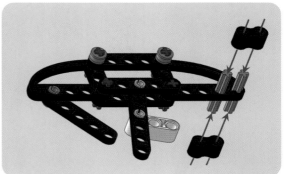

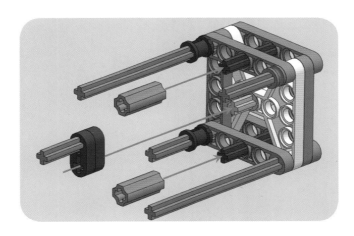

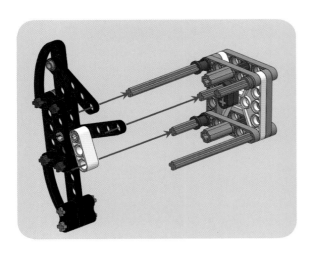

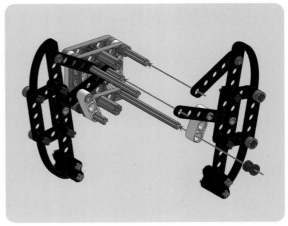

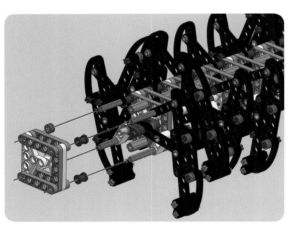

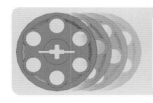

第5章

综合类仿生机器人

1

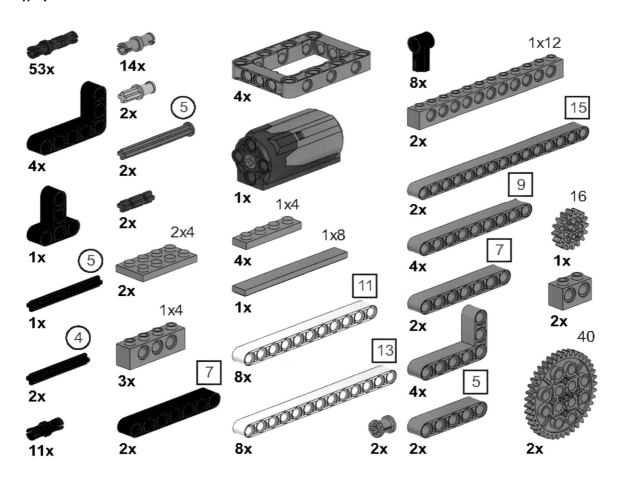

53x

14x

2x

○5

4x

2x

1x

2x

5○

1x

2x4

2x

1x4

3x

4○

2x

7☐

2x

11x

4x

1x

4x

1x4

4x

1x8

1x

8x

11☐

8x

13☐

2x

8x

2x

8x

4x

1x12

2x

2x

4x

2x

4x

5☐

2x

15☐

9☐

7☐

2x

5☐

16

1x

2x

40

2x

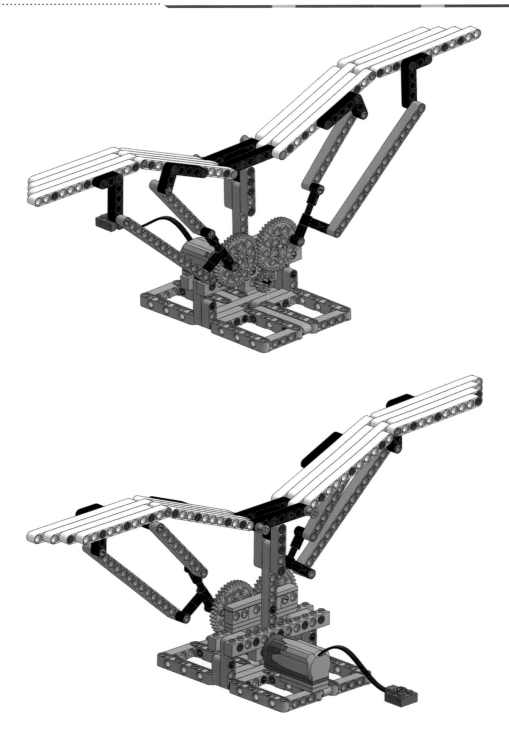

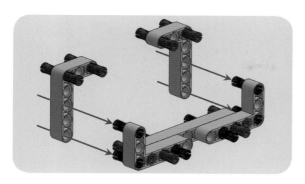

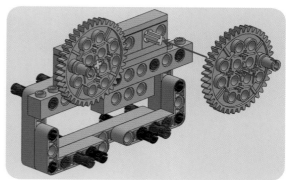

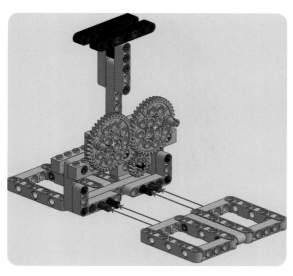

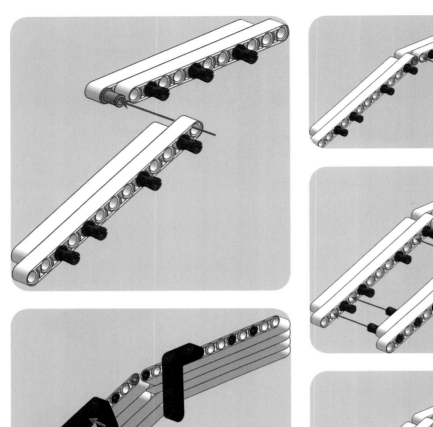

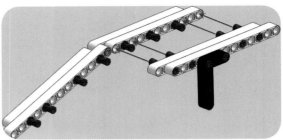

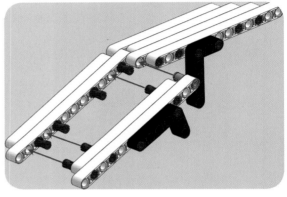

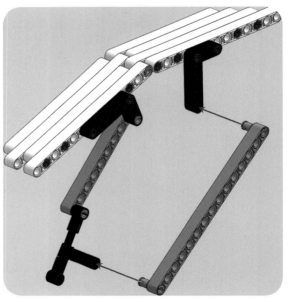

#2

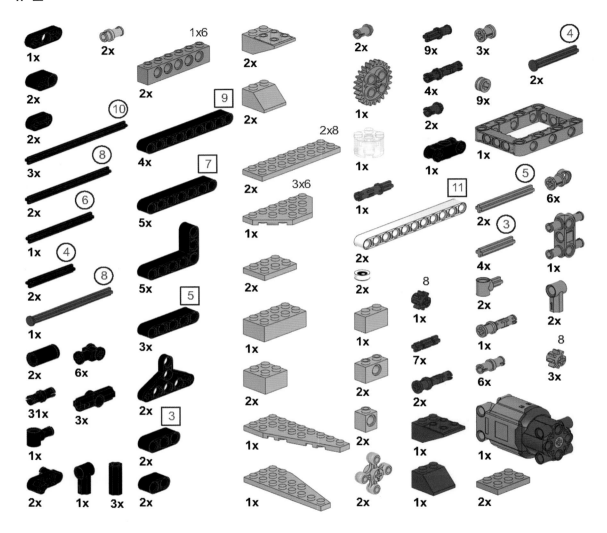

1x

2x

2x

2x

10

3x

8

2x

6

1x

4

2x

8

1x

2x

6x

31x

3x

1x

2x 1x 3x 2x

1x6

2x

4x

9

2x

5x

5x

7

5x

3x

5

2x 2x

2x

3

2x

2x

2x8

2x

3x6

1x

2x

2x

1x

2x

1x

2x

1x

2x

2x

1x

1x

9x

4x

2x

1x

1x

3x

9x

1x

2x

2x

2x

11

2x

2x

8

1x

7x

2x

2x

1x

1x

2x

8

1x

5

2x 3

4x

2x

1x

1x

6x

6x

1x

2x

2x

8

3x

1x

2x

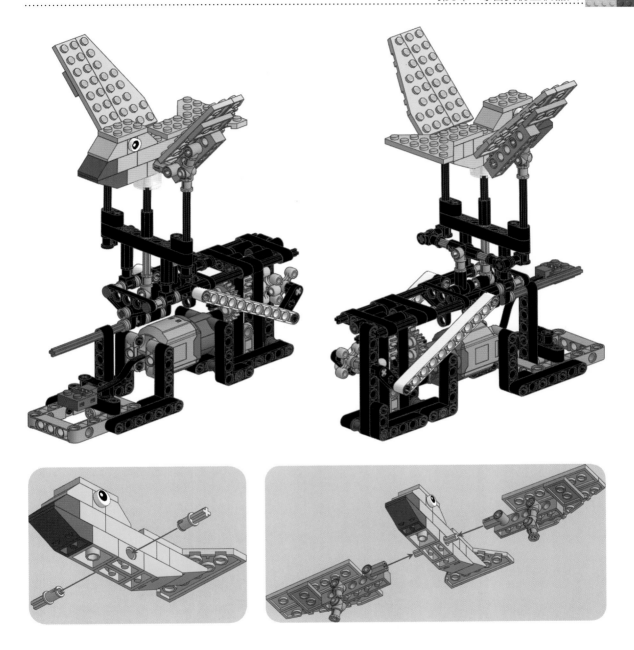

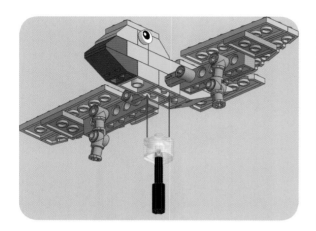

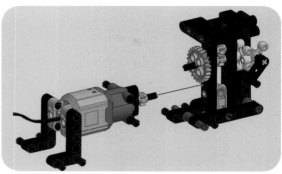

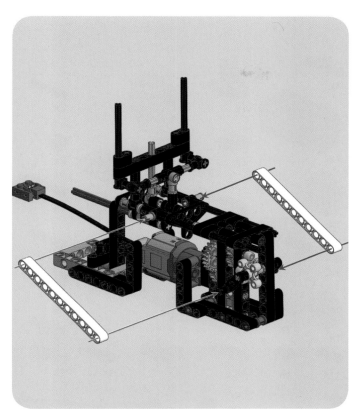

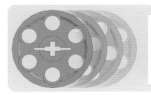

#3

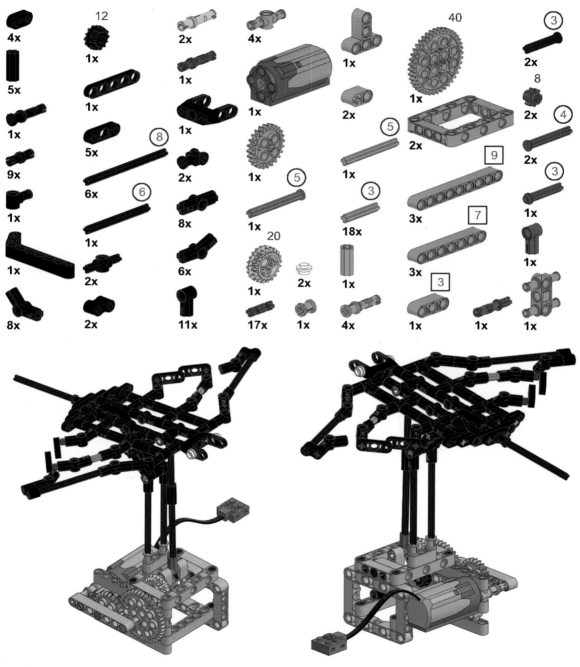

4x
12
2x
4x
1x
40
3
5x
1x
2x
1x
8
1x
1x
1x
2x
4
9x
5x
2x
5x
2x
1x
1x
8
2x
1x
6x
8x
5
9
1x
2x
6
8x
3
1x
1x
2x
7
3x
1x
3x
20
5
18x
3
2x
1x
3x
8x
2x
11x
17x
1x
4x
1x
1x
1x

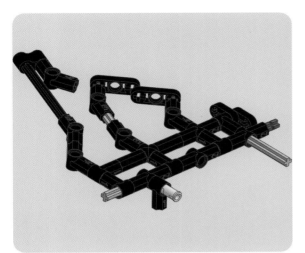

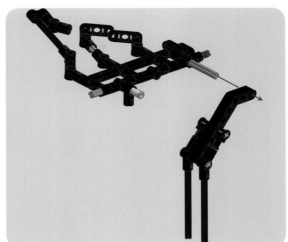

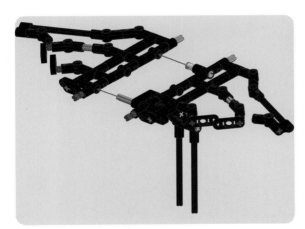

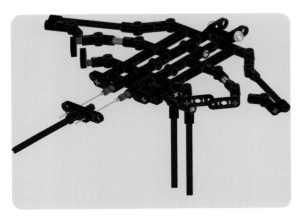

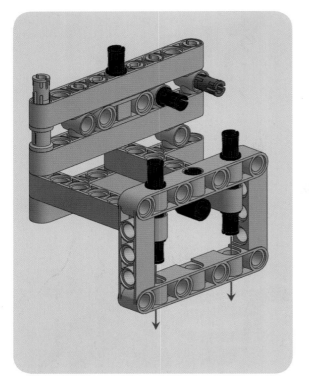

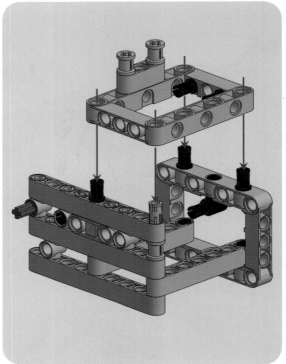

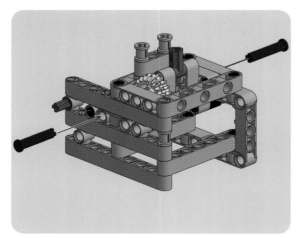

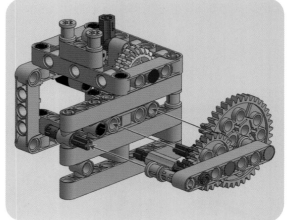

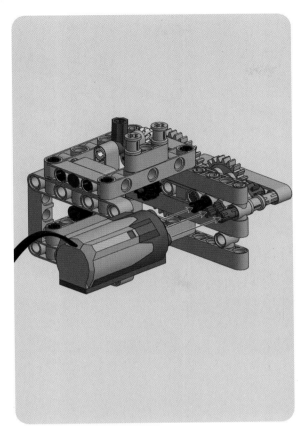

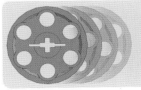

#4

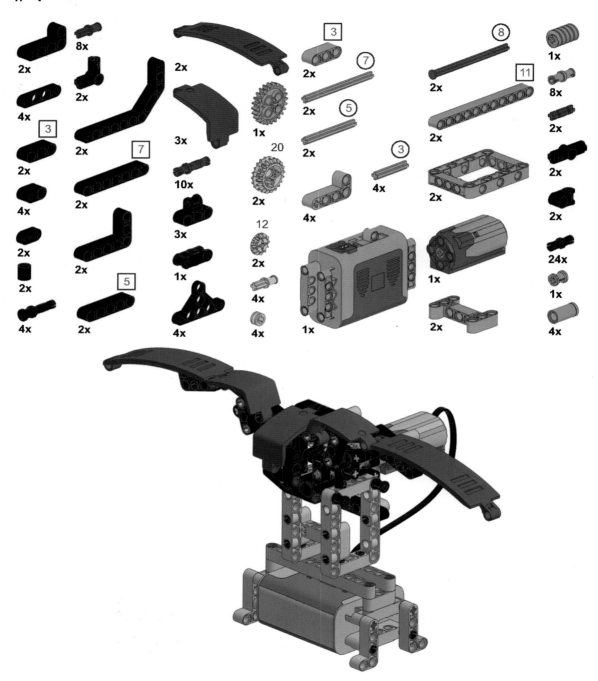

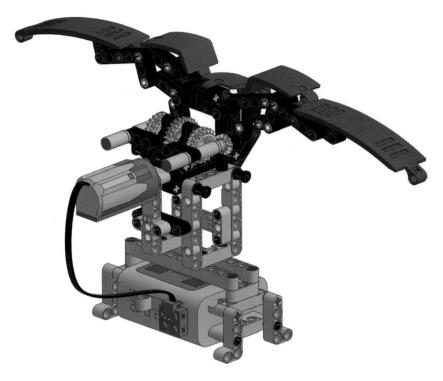

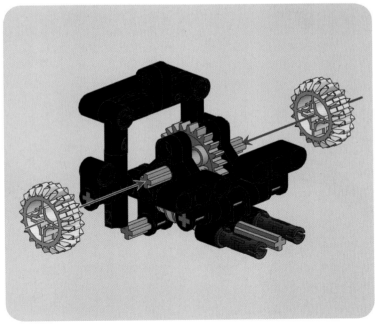

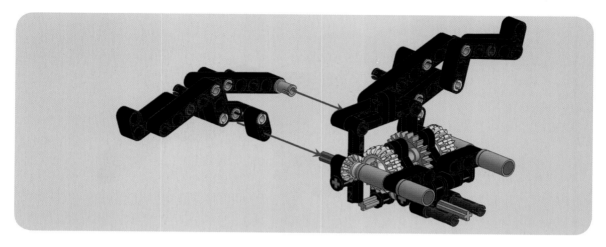

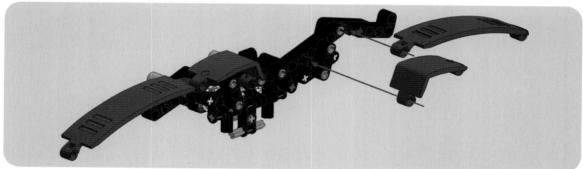

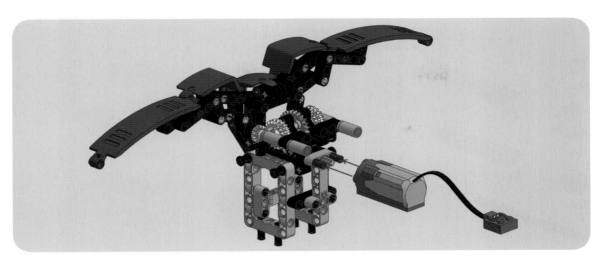

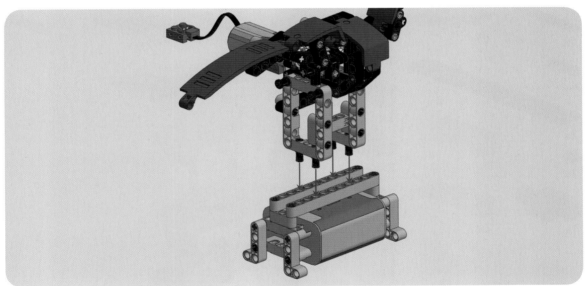

＃5

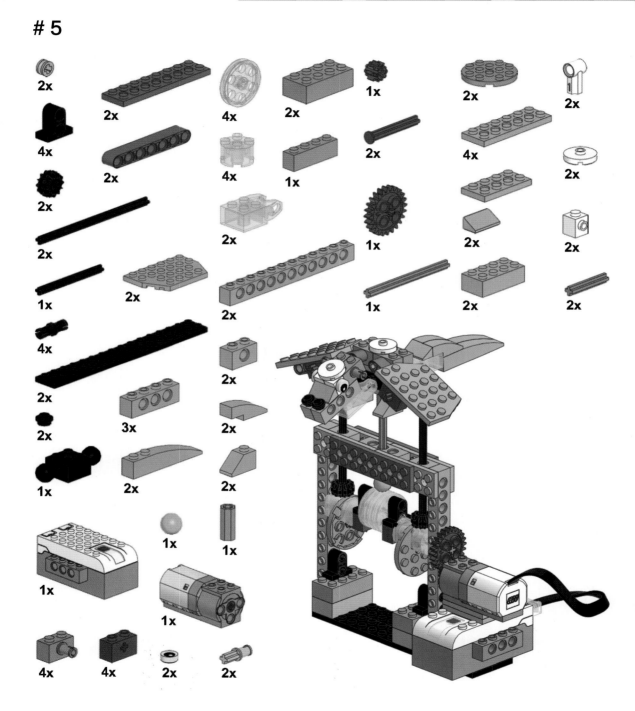

2x
4x
2x
2x
4x
2x
2x
2x
4x
1x
2x
1x
4x
2x
2x
1x
2x
4x
2x
1x
2x
3x
2x
1x
2x
2x
2x
4x
2x
2x
2x
1x
2x
2x
2x
1x
1x
1x
1x
4x
4x
2x
2x

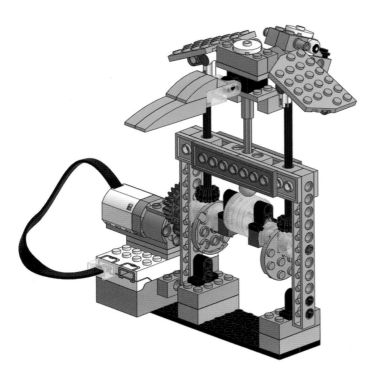

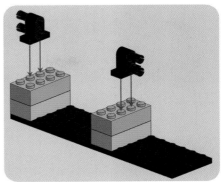

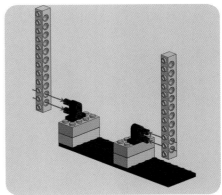

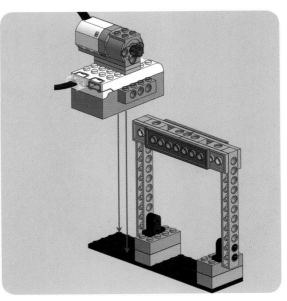

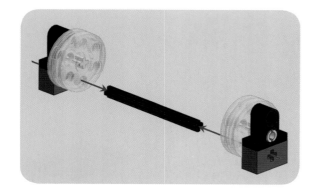

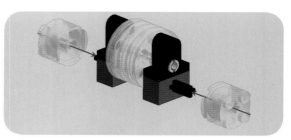

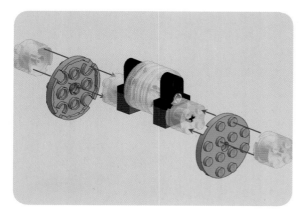

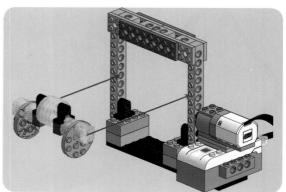

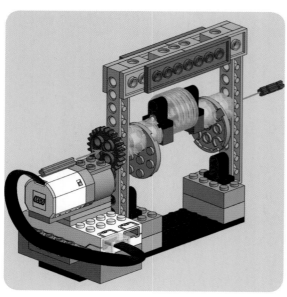

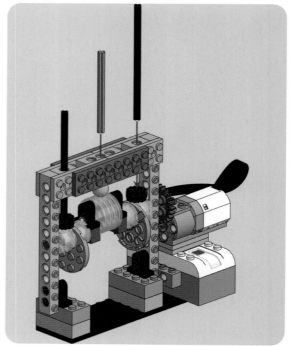

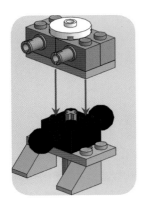

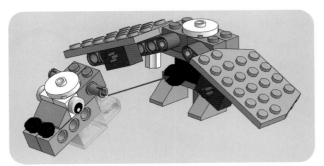

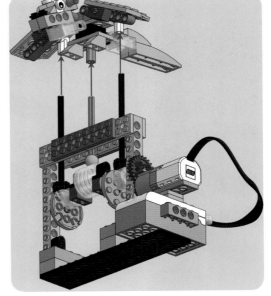

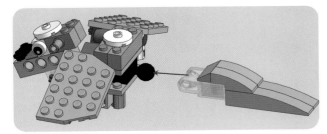

#6

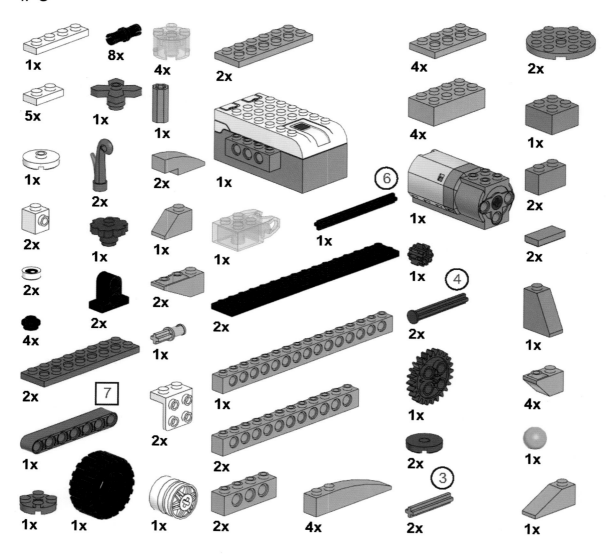

1x
8x
4x
2x
5x
1x
1x
1x
6
1x
4x
2x
1x
4x
2x
1x
1x
2x
1x
1x
2x
1x
1x
1x
2x
2x
1x
2x
4
2x
1x
2x
2x
2x
1x
7
2x
1x
1x
2x
2x
1x
4x
1x
2x
1x
1x
2x
3
1x
1x
1x
2x
4x
2x
1x

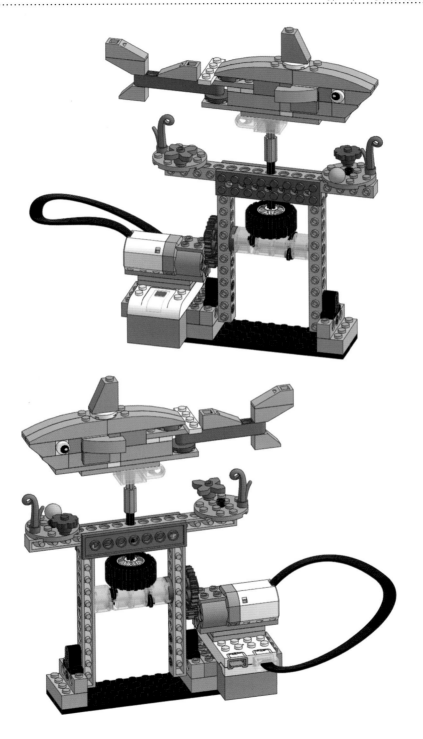

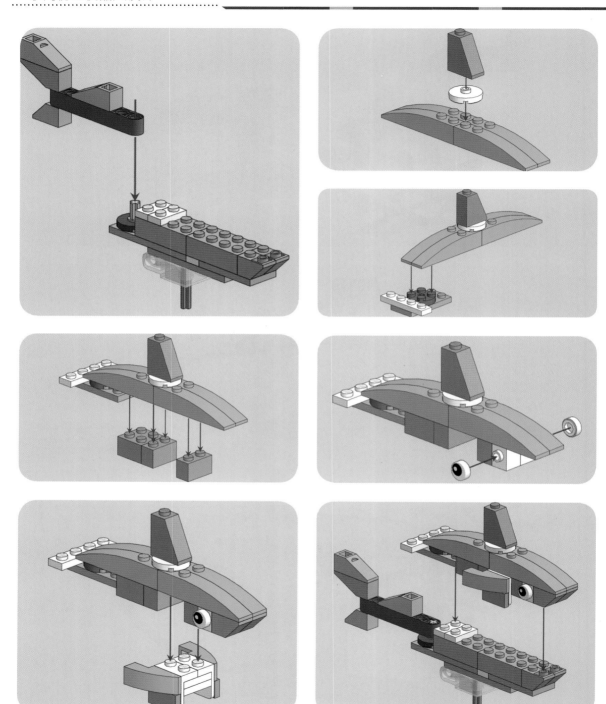

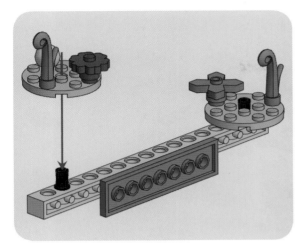

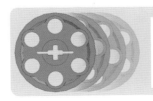

#7

4x

3

16x

1x

7
1x

1x

32

10
1x

32x

4
32x

2x

5
2x

8
1x

3
2x

3
2x

4x

4x

1x

28x

5x

19x

2x

4x

64x

36x

14x

18x

1x

3

14x

5

2x

14x

14x

1x

14x

2x

86x

2x

2x

4x

2x

4x

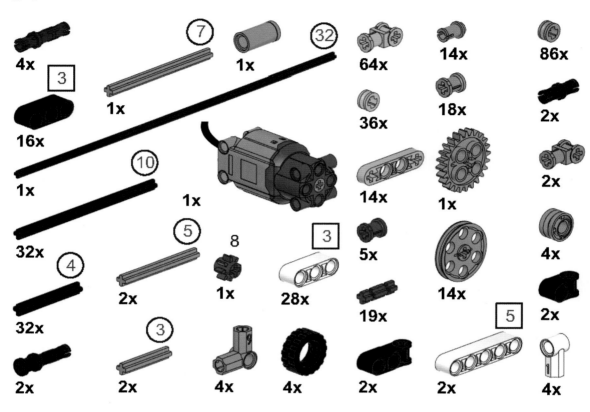

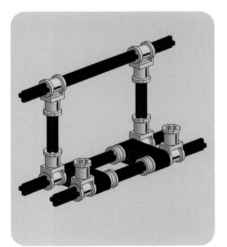

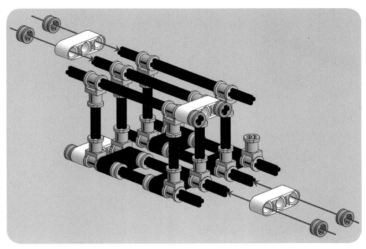

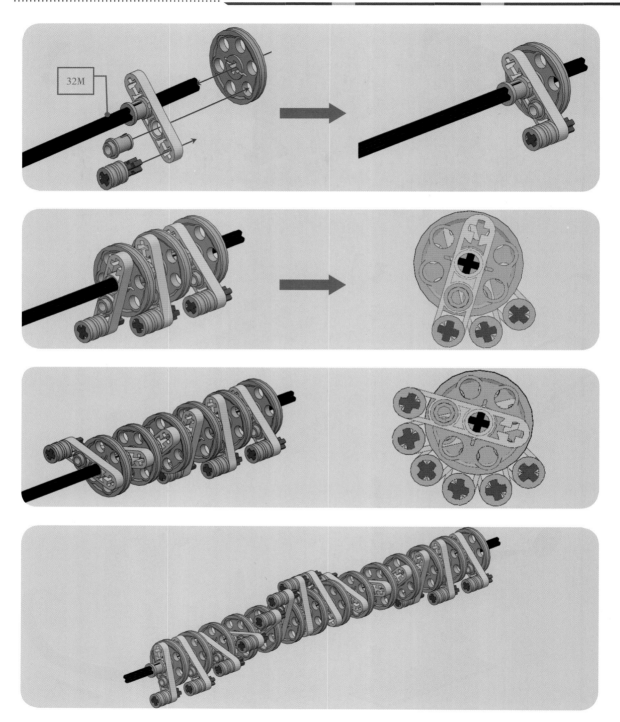

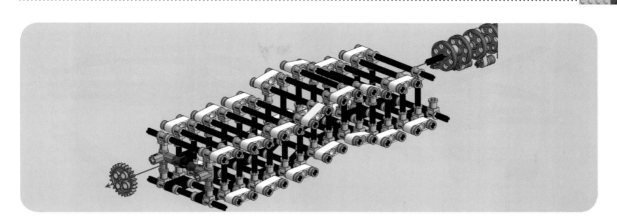

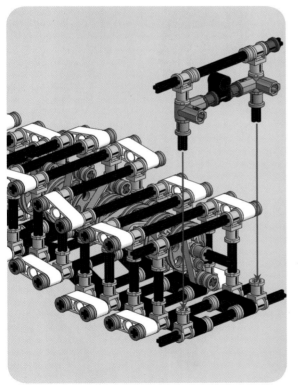

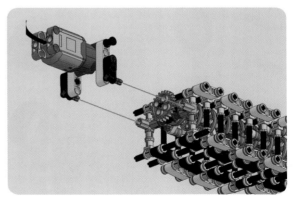

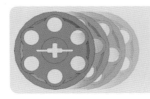

#8

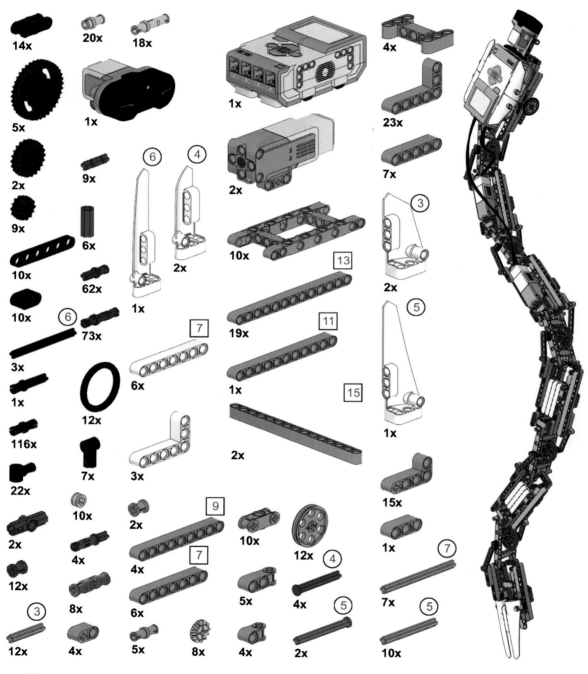

14x **20x** **18x**

5x **1x** **1x** **4x**

2x **9x** **6** **4** **2x** **23x**

9x **6x** **2x** **7x**

10x **62x** **10x** **3**

10x **6** **73x** **1x** **2x**

3x **13** **5**

1x **19x** **7**

116x **12x** **7** **6x** **11** **1x** **1x**

22x **7x** **3x** **15** **2x**

2x **10x** **2x** **9** **15x**

12x **4x** **4x** **10x** **12x** **4** **1x** **7**

3 **8x** **7** **6x** **5x** **4x** **5** **7x** **5**

12x **4x** **5x** **8x** **4x** **2x** **10x**

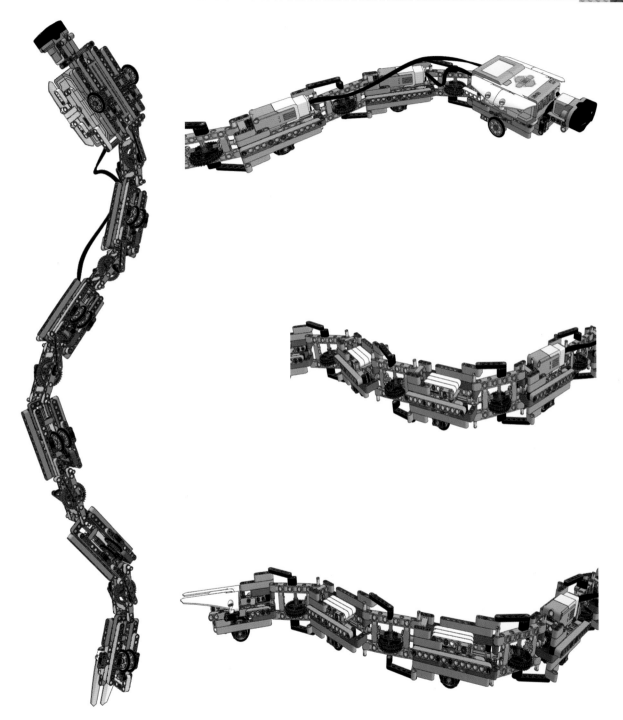

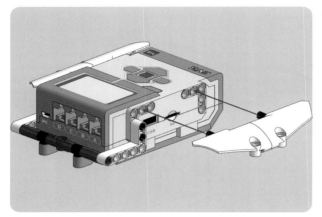

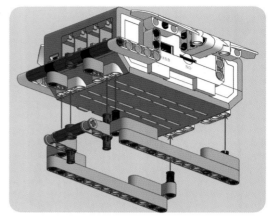

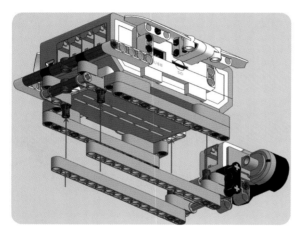

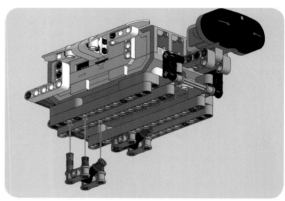

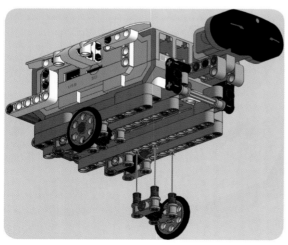

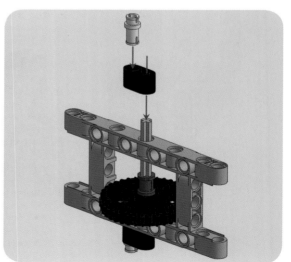

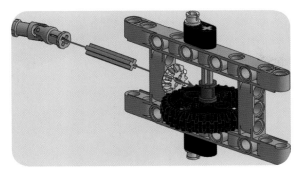

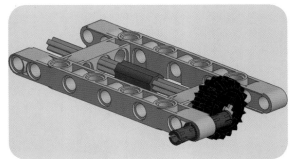

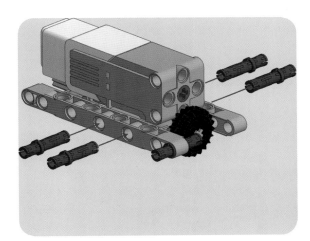

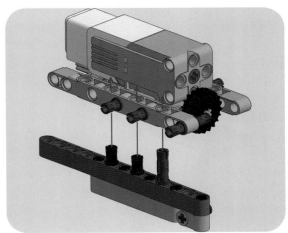

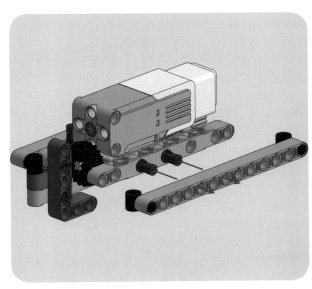

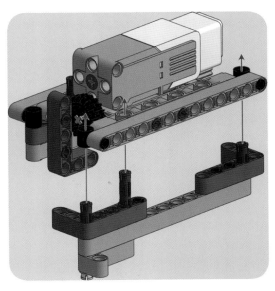

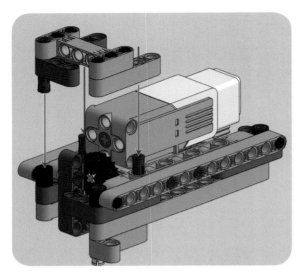

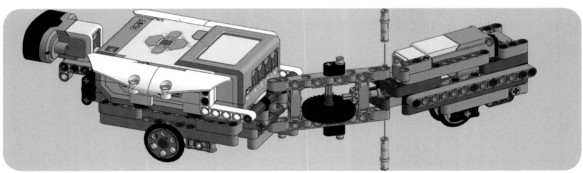

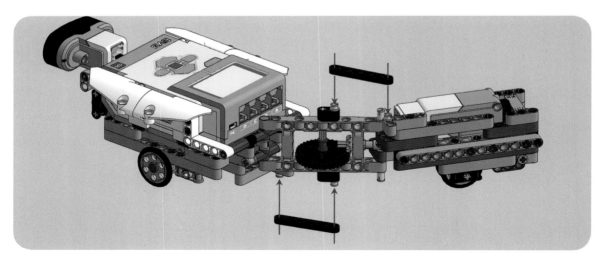

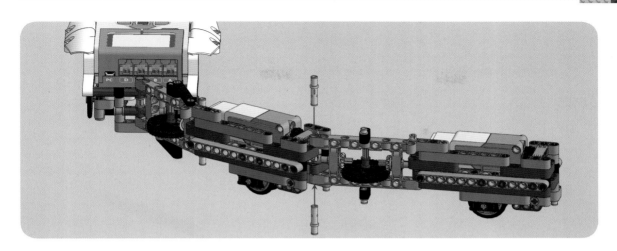

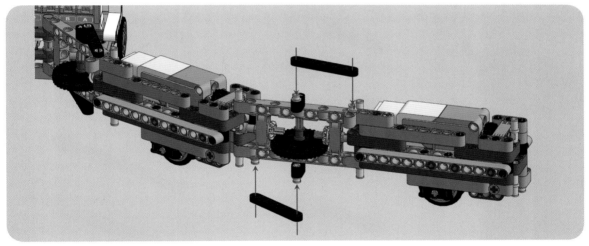

附录 零件表

（零件左下角的数字为搭建本书所有作品所需的最少数量，右上角的数字为零件规格，颜色不限）

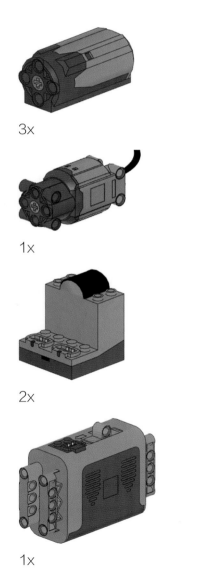

3x

1x

2x

1x

71x

③
40x

③
4x

③
12x

④
32x

④
16x

④
1x

⑤
18x

⑤
6x

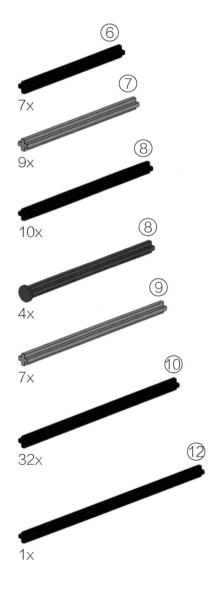

⑥
7x

⑦
9x

⑧
10x

⑧
4x

⑨
7x

⑩
32x

⑫
1x

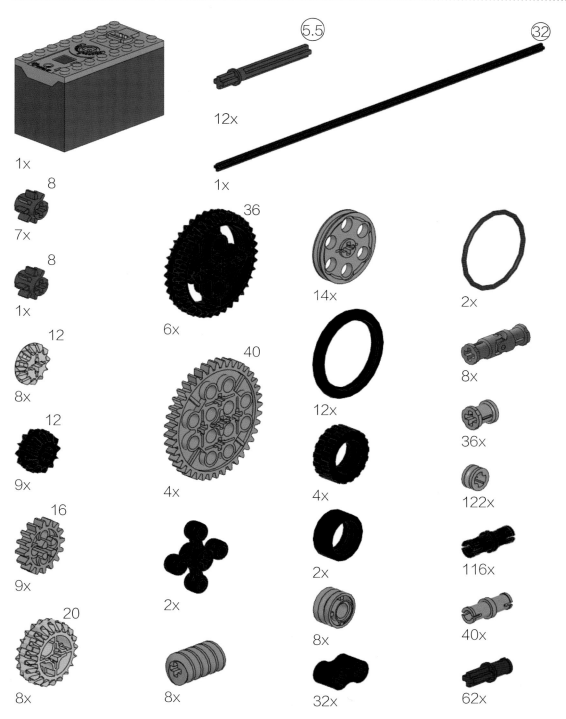

(5.5)

12x

(32)

1x

1x

8

7x

8

1x

12

8x

12

9x

16

9x

20

8x

36

6x

40

4x

2x

8x

14x

12x

4x

2x

8x

32x

2x

8x

36x

122x

116x

40x

62x

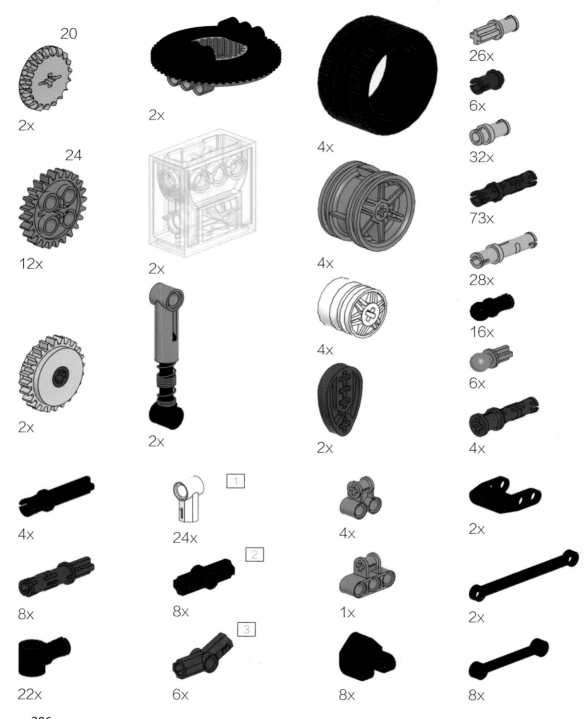

20
2x

2x

4x

26x

6x

32x

24
12x

2x

4x

73x

2x

28x

4x

16x

2x

4x

6x

2x

4x

4x

1

22x

24x

4x

2x

8x

2

8x

1x

2x

8x

3

6x

8x

8x

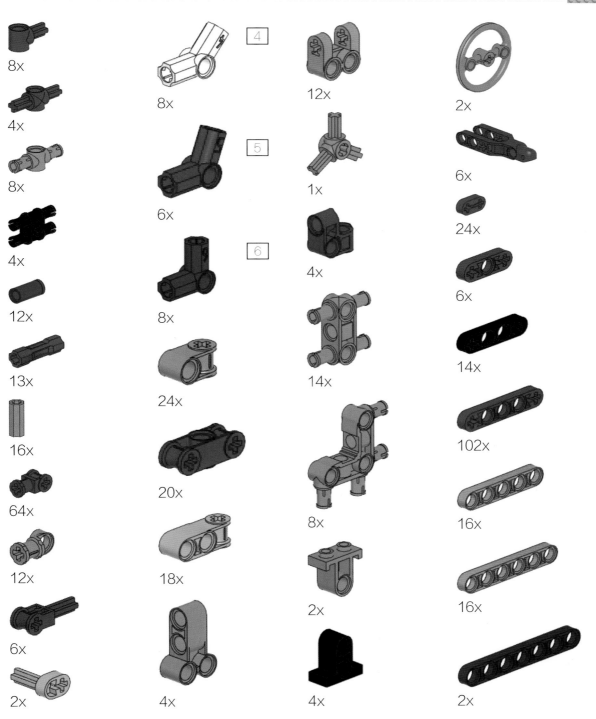

8x

4x

8x

4x

12x

13x

16x

64x

12x

6x

2x

8x

4

6x

5

8x

6

24x

20x

18x

4x

12x

1x

4x

14x

8x

2x

4x

2x

6x

24x

6x

14x

102x

16x

16x

2x

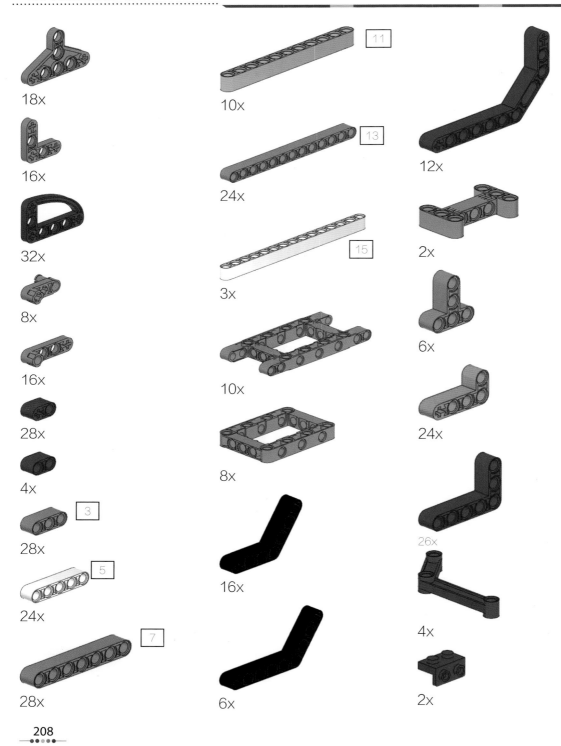

18x

16x

32x

8x

16x

28x

4x

3

28x

5

24x

7

28x

11

10x

13

24x

15

3x

10x

8x

16x

6x

12x

2x

6x

24x

26x

4x

2x

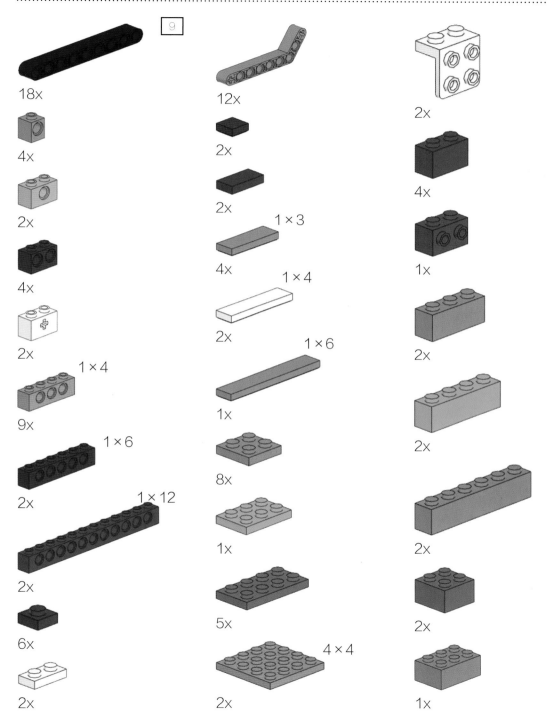

9

18x

12x

2x

4x

2x

2x

4x

2x

4x

2x

1 × 3

2x

4x

1x

1 × 4

2x

2x

1 × 4

1 × 6

2x

9x

1x

1 × 6

2x

2x

8x

1 × 12

1x

2x

2x

6x

5x

2x

2x

4 × 4

2x

2x

1x

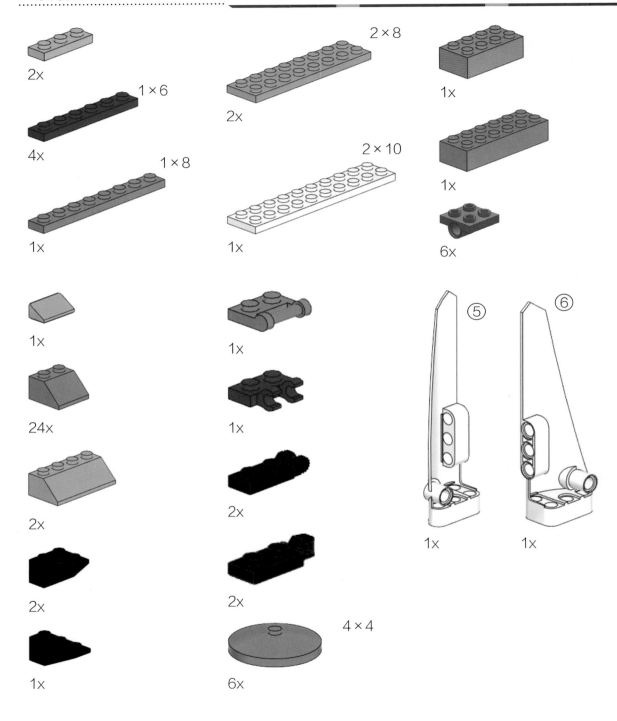

2x

1×6
4x

1×8
1x

2×8
2x

2×10
1x

1x

1x

6x

1x

1x

⑤ ⑥

1x

24x

1x

2x

2x

2x

1x

2x

2x

4×4
6x

1x 1x

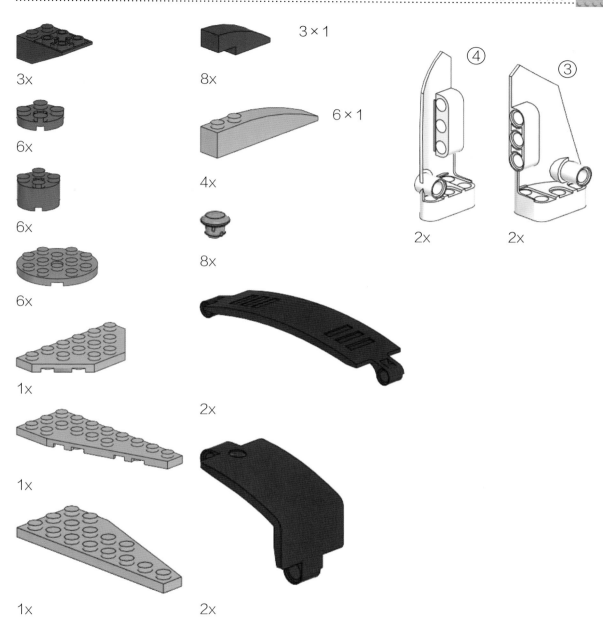

3×

8×

3 × 1

6×

6×

6 × 1

6×

4×

1×

8×

④

③

2×

2×

1×

2×

1×

1×

2×